国家级一流本科专业
建设成果教材

石油和化工行业
“十四五”规划教材

国家级实验
教学示范中心

高分子物理实验

POLYMER
PHYSICS
EXPERIMENTS

周天楠 主 编
李晓瑜 袁丹丹 副主编

化学工业出版社
·北京·

内容简介

《高分子物理实验》共2篇，18个实验，包含了经典的高分子物理实验以及目前新的高分子物理测试表征技术。由于高分子材料向多性能、多功能发展，因此增加对高分子材料的结构与性能、热历史、吸附性能、介电性能、表面性能测试的综合实验方法，给予读者更多的实验参考。书中对实验的原理、步骤、数据处理列出了详细的叙述，同时给出了实验实例的分析，便于读者更好地理解和掌握实验结果及数据的分析方法。

本书可作为高等院校高分子材料与工程及相关专业本科生、研究生的教材，也可作为高分子材料领域教师、科研与技术人员的参考书。

图书在版编目（CIP）数据

高分子物理实验 / 周天楠主编；李晓瑜，袁丹丹副主编. -- 北京：化学工业出版社，2025. 7. --（石油和化工行业“十四五”规划教材）（国家级一流本科专业建设成果教材）. -- ISBN 978-7-122-48388-1

Ⅰ. O631-33

中国国家版本馆 CIP 数据核字第 2025FV9312 号

责任编辑：王 婧 杨 菁　　文字编辑：温新龙 王文莉
责任校对：宋 玮　　装帧设计：张 辉

出版发行：化学工业出版社
（北京市东城区青年湖南街13号 邮政编码100011）
印 装：北京科印技术咨询服务有限公司数码印刷分部
787mm×1092mm 1/16 印张 6½ 字数 152 千字
2026年1月北京第1版第1次印刷

购书咨询：010-64518888　　售后服务：010-64518899
网 址：http://www.cip.com.cn
凡购买本书，如有缺损质量问题，本社销售中心负责调换。

定 价：29.00元

前言

《高分子物理实验》是《高分子物理》对应的实验教程，是学生通过实验过程理解高分子物理中理论概念的实操指导教程，是对抽象的高分子物理理论概念进行具象化、可操作化、可实践性的表述。因此《高分子物理实验》在《高分子物理》学习中具有非常重要的实践指导意义，它是高分子材料领域相关人员学习、研究、从事行业生产的重要基础实验。

本书对高分子物理实验的实验目的、实验基本原理、实验数据分析做了详细的描述，结合编者多年在实验教学工作中总结的注意事项，一并呈现。同时每个实验均附有具体实验实例供读者参考学习，便于读者对实验结果有直观的认识。

本书内容在选材上注重基础与新技术的结合，编写了高分子物理经典实验，总结了国内学者的研究成果，旨在培养学生的创新能力、自主学习能力、良好的探索精神。随着现代测试技术的发展，新型设备成为高分子物理实验表征的有力手段，为拓宽学生的视野，给予读者更多的实验技术作为参考，我们编写了实验 11、实验 12、实验 13、实验 15、实验 16。编者结合多年实验测试经验发现，随着高分子材料多性能化，需要的测试手段愈加丰富多样，因此增加了实验 17、实验 18，对具有多孔吸附性和压电性高分子材料性能测试的实验内容进行了介绍。

本书是编者及团队多年实验教学、实验表征测试工作的总结，其中实验 1~ 实验 13、实验 18 由周天楠编写，实验 14、实验 17 由李晓瑜编写，实验 15 由张明华编写，实验 16 由袁丹丹编写。本书编写过程中得到了四川大学高分子科学与工程学院许多同事和领导的支持，在此对他们表示深深的敬意和衷心的感谢。同时感谢四川大学立项建设教材的资助。

由于编写水平有限，加上实验课程本身的特殊性，书中难免有疏漏之处，敬请读者批评指正。

编　者

2025 年 10 月于四川大学

目录

第1篇

高分子物理基础实验

实验 1

黏度法测定聚合物黏均分子量

一、实验目的

1. 掌握乌氏黏度计测定聚合物黏均分子量的实验操作方法。
2. 掌握作图法计算聚合物特性黏数和黏均分子量。

二、乌氏黏度计的基本构造及实验方法

如图 1-1 所示，乌氏黏度计由三根直管组成，B 管中间部位为毛细管，直径约 1mm。溶液在毛细管中稳态流动时，溶液黏度 η 满足泊肃叶（Poiseuille）定律：

$$\eta = A\rho t \tag{1-1}$$

式中，A 为黏度计仪器常数；ρ 为溶液密度；t 为一定体积溶液流出毛细管的时间，即液面经过刻度线 a、b 所需的时间。

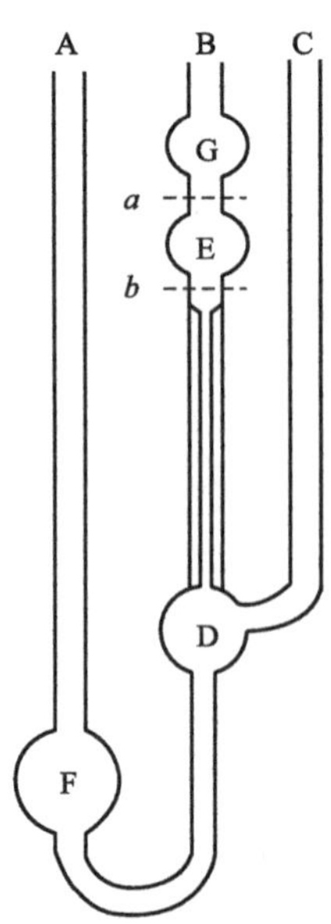

图 1-1 乌氏黏度计结构

测定溶液和纯溶剂流出毛细管的时间，代入式（1-2）得聚合物溶液的相对黏度 η_r：

$$\eta_r = \frac{A\rho t}{A\rho_0 t_0} = \frac{t}{t_0} \tag{1-2}$$

式中，ρ、ρ_0 分别为溶液和溶剂的密度，由于测定溶液的浓度在1%以下，所以极稀溶液和溶剂的密度近似相等，即 $\rho=\rho_0$；t、t_0 分别为溶液和溶剂在毛细管中的流出时间。因此溶液的相对黏度为：

$$\eta_r = \frac{t}{t_0} \tag{1-3}$$

三、乌氏黏度计测定聚合物黏均分子量的原理

黏度法是测定聚合物黏均分子量的常用方法，测定原理基于 Mark-Houwink 方程：

$$[\eta] = K\overline{M}_\eta^{\alpha} \tag{1-4}$$

式中，K、α 为参数，与溶液中聚合物分子的形态有关，当聚合物的分子量在一定范围内，且溶剂/聚合物体系和测试温度确定时，K、α 为常数；$\overline{M}_\eta$ 为黏均分子量；$[\eta]$ 为特性黏数，量纲为浓度的倒数，是聚合物稀溶液增比黏度与浓度的比值（η_{sp}/c）或相对黏度的自然对数与浓度的比值 $[(\ln\eta_r)/c]$ 在溶液浓度无限稀释时的外推值：

$$[\eta] = \lim_{c\to 0}\frac{\eta_{sp}}{c} = \lim_{c\to 0}\frac{\ln\eta_r}{c} \tag{1-5}$$

$$\eta_{sp} = (\eta - \eta_0)/\eta_0$$

$$\eta_{sp} = \eta/\eta_0 - 1$$

$$\eta_r = \eta/\eta_0$$

式中，η 为聚合物黏度；η_0 为纯溶剂黏度。

将不同浓度聚合物溶液的黏度换算为增比黏度和相对黏度后，分别作出 η_{sp}/c 和 $(\ln\eta_r)/c$ 与 c 的关系图，拟合得两条直线，对应哈金斯方程和克拉默方程。两条直线在 y 轴上交于一点，交点（在 y 轴上的截距）即为特性黏数（图 1-2）。

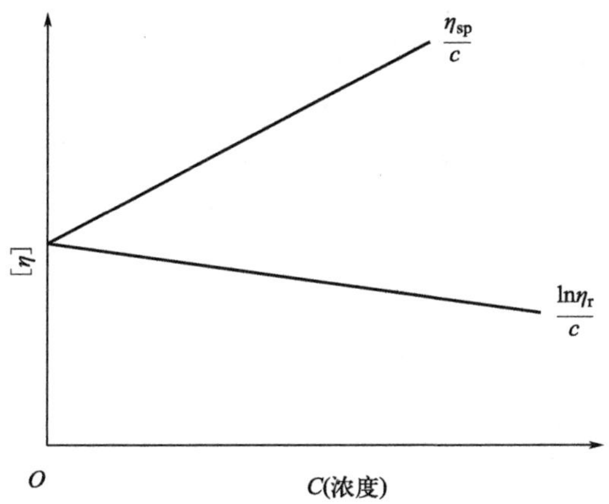

图 1-2　η_{sp}/c 和 $(\ln\eta_r)/c$ 与浓度的关系

哈金斯(Huggins)方程　$$\frac{\eta_{sp}}{c}=[\eta]+K'[\eta]^2c \tag{1-6}$$

克拉默(Kraemer)方程　$$\frac{\ln\eta_r}{c}=[\eta]-\beta[\eta]^2c \tag{1-7}$$

K'称为哈金斯常数，它表示溶液中聚合物分子间和聚合物分子与溶剂分子间的相互作用，取值范围在 0.3～0.4 之间。对于溶解在良溶剂中的线型聚合物满足 $K'+\beta=0.5$ 的关系，上述两个方程可简化为：

$$[\eta]=\frac{1}{c}\sqrt{2(\eta_{sp}-\ln\eta_r)} \tag{1-8}$$

即一点法求特性黏数的公式。

四、数据优化方法

在实验测试中，为了减小数据处理的误差和提高数据拟合的准确度，通常引入相对浓度 c'作为计算变量。$c'=c/c_0$，c 为测试溶液的实际浓度，c_0 为实验开始时测试的第一个溶液浓度。

用 (η_{sp}/c')-c'和 $[(\ln\eta_r)/c']$-c'作图，外推至 $c'=0$，得截距 E。

推导知 $[\eta]=E/c_0$。

相对黏度外推图见图 1-3。

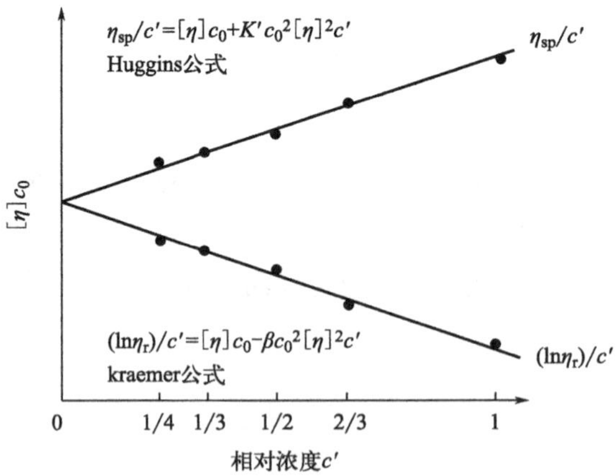

图 1-3　η_{sp}/c' 和 $(\ln\eta_r)/c'$ 与相对浓度的关系

五、实验步骤

1. 试样准备

聚苯乙烯，甲苯（分析纯）。

2. 仪器准备

乌氏黏度计，恒温装置（玻璃钢水槽、加热棒、控温仪、搅拌器），秒表（分度值为 0.01s），洗耳球，夹子，容量瓶，烧杯，砂芯漏斗（5 号）。

3. 测试步骤

① 用砂芯漏斗过滤 100mL 溶剂至 100mL 容量瓶中，放置于恒温水槽中恒温。

② 溶解聚合物。称取 0.3～0.4g 聚苯乙烯，放入锥形瓶中，加入 10mL 甲苯溶解；溶解后用砂芯漏斗过滤至 25mL 容量瓶中；用少量溶剂将锥形瓶中的溶质洗入砂芯漏斗中并过滤至 25mL 容量瓶中，但总量不超过 25mL；把容量瓶放到（25.0±0.1）℃的恒温水浴槽中，15min 后，加入已恒温的溶剂定容至 25mL。

③ 安装黏度计。把洗净、烘干的黏度计固定在恒温（25.0±0.1）℃的水槽中，保持垂直，将 E 球（图 1-1）全部浸泡在水中，使 a、b 两刻度线均没入水面以下。分别在 B 管和 C 管上连接 30cm 长的乳胶管。安装时除注意黏度计垂直外，还要保证黏度计稳定，防止浮力作用让黏度计偏移。吸取 10mL 已定容且在（25.0±0.1）℃恒温的溶液，从 A 管加至乌氏黏度计的 F 球中。闭紧 C 管上的乳胶管，用洗耳球从 B 管抽吸，让溶液充分润湿毛细管。

④ 测定溶液流经毛细管的时间 t。恒温 10min 后，紧闭 C 管上的乳胶管，用洗耳球从 B 管口将溶液吸至 G 球的一半，拿下洗耳球，松开 C 管上的乳胶管，记下溶液流经 a、b 刻度线之间的时间 t，重复几次测定，直到出现 3 个数据，两两误差小于 0.2s 时，取这 3 次时间的平均值。

⑤ 稀释溶液。第一次测试时溶液的相对浓度设定为 1，第二次吸取 5mL 已恒温定容的溶剂加入 F 球中，此时溶液的相对浓度为 2/3，测试该浓度溶液流出时间 t。接下来依次测量相对浓度分别为 1/2、1/3、1/4 时溶液的流出时间（如初始溶液体积 10mL，依次加入 5mL、5mL、10mL、10mL 溶剂，稀释后总容积为 15mL、20mL、30mL、40mL，相对浓度分别为 1、1/2、1/3、1/4）。

⑥ 纯溶剂流经时间 t_0 的测定。通过润洗的方法用溶剂将毛细管清洗 3 次，加入已恒温的溶剂至 F 球的 2/3～3/4 处，将 F 球固定在水槽中，恒温 5min，开始测定。闭紧 C 管上的乳胶管，用洗耳球从 B 管口将溶液吸至 G 球的一半（注意 B 管中溶液表面不能有气泡，若有气泡可从 B 管上方将其吸出），拿下洗耳球打开 C 管，记下溶液流经 a、b 刻度线之间的时间 t_0，重复几次测定，直到出现 3 个数据，两两误差小于 0.2s，取这 3 次时间的平均值。

纯溶剂流经时间在实验过程中最后测试的原因有两个：第一个原因是消除毛细管壁上聚合物吸附层对实验结果的影响，使得测试结果更准确［具体原理可参见本实验教材“实验 9　利用泊肃叶定律（Poiseuille's law）测量聚合物在毛细管壁的吸附厚度及分子量的测定”］；第二个原因是实验操作、仪器清洗更加方便、高效。

⑦ 数据记录在表 1-1 中。

⑧ 参数 K、α 见表 1-2。

表 1-1　实验数据记录表

溶液相对浓度	加入溶剂量/mL	溶液流经时间 t/s			平均流经时间/s	η_r	η_{sp}	$(\ln\eta_r)/c'$	η_{sp}/c'
纯溶剂						—	—	—	—

表 1-2　参数 K、α

聚合物名称	溶剂	实验温度/℃	K/(mL/g)	α	重均分子量的范围
聚苯乙烯(无规)	甲苯	20	4.16×10^{-3}	0.788	$(4\sim137)\times10^4$
聚苯乙烯(无规)	甲苯	25	1.05×10^{-2}	0.73	$(16\sim100)\times10^4$
聚苯乙烯(无规)	甲苯	30	1.2×10^{-2}	0.71	$(40\sim370)\times10^4$
聚苯乙烯(无规)	甲苯	34	9.7×10^{-3}	0.733	$(8\sim80)\times10^4$

六、影响分子量测定的因素

1. 选用纯溶剂的流出时间在 100s 以上的黏度计。

2. 测试时保证样品在毛细管中稳态流动，读数时毛细管要垂直于地面。

3. 溶液黏度不宜过大，否则会偏离公式所设定的线性范围，一般保证 η_r 在 1.05～2.5 之间，不要超过 3.0。

4. 溶液黏度受温度影响很大，测试时一定要精确控温，保证温度波动不超过±0.1℃。

5. 支化聚合物不建议用黏度法测量分子量，如使用黏度法测量，需结合支化度分析结果。

6. 以下因素会增加黏均分子量测定的复杂性：分子量分布、支化现象、立构规整聚合物和共聚物的组成和链段序列、聚集体的存在、大分子溶剂化、分子链缠结、毛细管壁对大分子的吸附、剪切应力下链的断裂、黏性能耗引起的局部发热等。

七、实验报告撰写要求

1. 撰写实验目的、测试原理、实验仪器构造。

2. 撰写制样过程、仪器参数设置、基本操作步骤。

3. 分析实验数据并计算样品的黏均分子量。

4. 回答思考题。

八、思考题

1. 乌氏黏度计中 C 管在测定黏度时起到什么作用？用乌氏黏度计测量溶液的流出时间

时，为什么要打开C管的夹子使毛细管末端通大气？如果不打开，对流出时间测定会有什么影响？

2. 纯溶剂流出毛细管的时间为什么要大于100s？流出时间过短或过长对测试结果有何影响？

3. 影响流出时间准确性的因素有哪些？

4. 利用黏度法测定聚合物分子量的局限性如何？适用的分子量范围是多大？

九、参考文献

[1] 何曼君. 高分子物理 [M]. 上海：复旦大学出版社，2001：174-184.

[2] 拉贝克 J F. 高分子科学实验方法：物理原理与应用 [M]. 吴世康，漆宗能，译. 北京：科学出版社，1987.

[3] Bandrup J，Immergut E H. Polymer Handbook [M]. 2nd ed. New York：Wiley-Interscience，1975，Ⅳ-17.

[4] 周天楠. 聚合物材料结构表征与分析实验教程 [M]. 成都：四川大学出版社，2016：171-174.

实验 2

膨胀计法测定聚合物玻璃化转变温度

一、实验目的

1. 掌握膨胀计的使用方法及测定聚合物玻璃化转变温度的方法。
2. 掌握作图法计算玻璃化转变温度。
3. 理解玻璃化转变的自由体积理论。

二、膨胀计的基本构造

如图 2-1 所示，膨胀计由试样管容器（体积约 10mL）和一根带刻度长度大于 60cm 的毛细管组成。

图 2-1 膨胀计

三、膨胀计法测定玻璃化转变温度的原理

聚合物由玻璃态向高弹态转变或者反向转变时对应的温度叫作玻璃化转变温度，用 T_g 表示。在转变过程中，分子链的热运动状态发生变化使聚合物的多种物理性质产生明显改变，如膨胀系数、密度、比热容、弹性模量、强度等，通过测量材料物理性质发生变化的温度来确定聚合物的玻璃化转变温度。具体的测试方法为：将聚合物放在体积固定的容器内，通过控制升温速率，测定聚合物体积与温度的关系，作出体积-温度关系图。从体积对温度曲线两端直线部分外推得交点，交点对应的温度为玻璃化转变温度，该方法称为膨胀计法。

四、实验步骤

1. 试样准备

聚苯乙烯，乙二醇。

2. 仪器准备

膨胀计 2 只，带磁力搅拌的恒温水浴锅 1 个，温度计 1 只（量程 0～250℃），铁架台 1

个。装置搭建如图 2-2 所示。

3. 测试步骤

① 膨胀计洗净烘干，在 1 号膨胀计（图 2-2 中左侧膨胀计）中装入聚苯乙烯圆柱状颗粒，高度至试样管容器 4/5 处。

② 在 1 号膨胀计内加满乙二醇，在 2 号膨胀计（图 2-2 中右侧膨胀计）内加入乙二醇并插入温度计，温度计的水银头与聚苯乙烯颗粒上表面平齐。将两只膨胀计都安装在铁架台上并保持同一高度，并且保证聚苯乙烯柱状颗粒在水浴锅液面以下。

③ 将毛细管插入 1 号膨胀计内，同时将毛细管口以下区域都灌满乙二醇。膨胀计内部不能存在空气，如有空气，通过振荡将黏附在样品表面的气泡排出。样品表面与毛细管口之间的气泡通过一边加入乙二醇，一边从毛细管顶端抽空气的方式排出。

④ 控制恒温水浴锅升温速率，保持每分钟升温 1～2℃，升温速率以温度计为准。

⑤ 当毛细管中液面开始上升时，记录温度每升高 2℃时毛细管中液面的高度和时间。如此重复直到体积-温度关系曲线上出现转折，并在转折后保持线性变化时结束测试。

⑥ 测试完成后拆掉装置，回收聚苯乙烯颗粒和乙二醇。

五、数据处理

根据体积-温度数据作图，延长两条直线至交点，交点所对应的温度即材料的玻璃化转变温度，如图 2-3 所示。

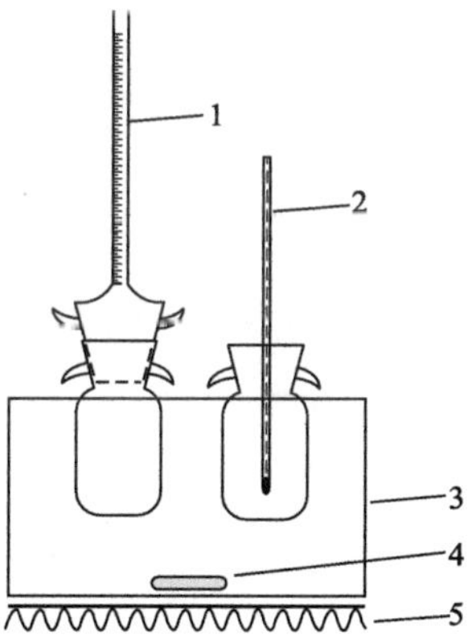

图 2-2　膨胀计测试

1—膨胀计；2—温度计；3—恒温水浴锅；4—磁力搅拌子；5—水浴锅加热器

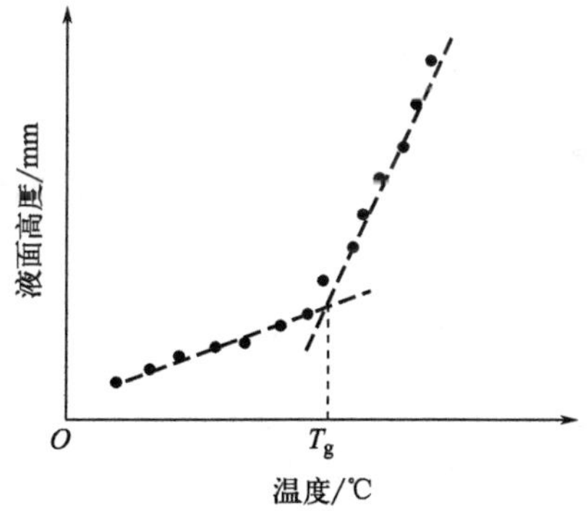

图 2-3　毛细管液面高度与温度的关系

六、实验报告撰写要求

1. 撰写实验目的、测试原理、实验仪器构造。
2. 撰写制样过程、仪器参数设置、基本操作步骤。

3. 分析实验数据并计算样品的玻璃化转变温度。

4. 回答思考题。

七、思考题

1. 填充介质的热膨胀系数对聚合物 T_g 测试有什么影响？

2. 如何修正填充介质热膨胀对测试结果的影响？

3. 为什么样品表面以及毛细管口处不能有气泡？如果有气泡会对测试数据产生什么样的影响？

4. 通过降温的方式测出的玻璃化转变温度与升温测试有什么不同？

5. 为什么将温度计放置在乙二醇中进行读数？

八、参考文献

[1] 何平笙．高分子物理实验［M］．合肥：中国科学技术大学出版社，2002.

[2] 王国成，肖汉文．高分子物理实验［M］．北京：化学工业出版社，2017.

实验 3

凝胶渗透色谱法测定聚苯乙烯分子量分布

一、实验目的

1. 掌握凝胶渗透色谱仪的基本构造和测试原理。
2. 掌握软件的使用方法、测试方法和基线拟合方法。
3. 学习谱图及数据分析方法，并理解测试报告中各物理量的意义。

二、凝胶渗透色谱仪基本原理

凝胶渗透色谱（gel permeation chromatography，GPC）是液相色谱的一种，利用体积排除效应测定聚合物分子量。该方法是利用标准样品的分子量校正曲线对样品数据曲线进行校准，得到样品的分子量，有别于渗透压法、光散射法、黏度法等测定聚合物分子量的方法。

聚合物稀溶液流入色谱柱时，大尺寸分子（高分子量的线形分子、支化度高的体形分子等）不能进入多孔的凝胶粒子的孔洞中，只能沿着粒子间隙流出，流出色谱柱的时间（保留时间）短；中等大小分子可滞留或者部分滞留在凝胶粒子较大的孔洞中，经过较长的时间被溶剂洗脱出来，保留时间较长；体积更小的分子则可以滞留在凝胶粒子微孔中，经过更长的时间才能被溶剂洗脱出色谱柱，因此小体积分子的保留时间最长。根据各组分保留时间的长短计算出聚合物的分子量及分子量分布，如图 3-1 所示。

除了聚苯乙烯、聚甲基丙烯酸甲酯等少数聚合物的标样以外，大多数聚合物的标样不易获得，多数时候只能借助聚苯乙烯标样的校正曲线计算分子量，因此测得的分子量只具有相对意义。

凝胶渗透色谱仪由泵系统、进样系统、凝胶渗透色谱柱系统（包括恒温装置和色谱柱）、检测系统和数据记录处理系统组成。高温凝胶渗透色谱仪还需配有加热系统和在线过滤系统。图 3-2 是凝胶渗透色谱仪的工作原理。

泵系统为流动相提供稳定压力，驱动流动相流经色谱柱。泵的精确度是保证数据准确性的关键，也是凝胶渗透色谱仪的关键性能指标。

微量进样器将聚合物稀溶液注入计量环中，计量环精确控制进样体积，根据不同仪器有 10μL、20μL 等规格。

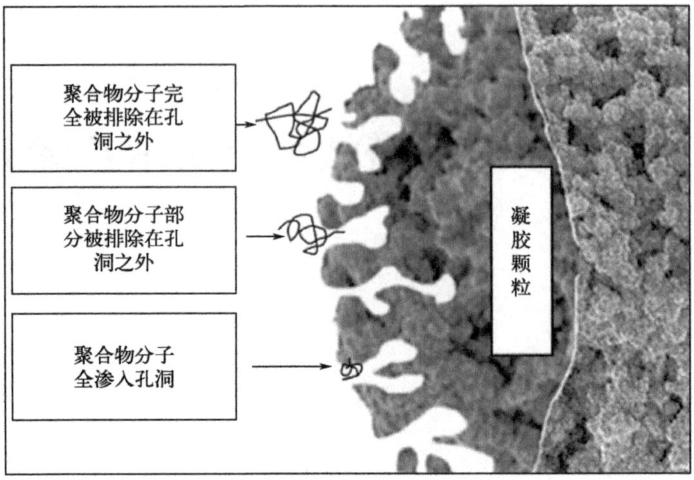

图 3-1 凝胶颗粒及体积排斥原理

柱温箱是保证色谱柱在恒温条件下工作的关键部件。聚合物溶液黏度随温度的改变而改变，同一样品在不同温度下测定的保留时间不同，导致测定的分子量不准确。为了确保数据的可重复性和精确度，色谱柱需在恒温条件下测试样品，温度波动控制在±0.1℃以下。柱温箱的温度可高于室温 5～10℃，避免环境温度波动影响柱温箱内温度的平衡。

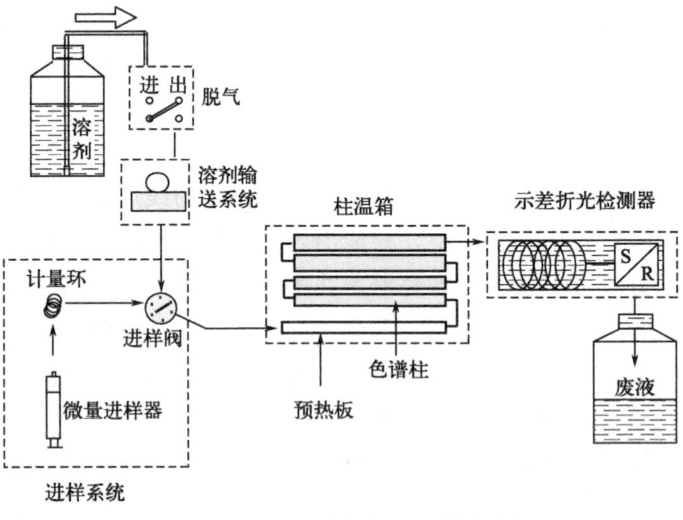

图 3-2 凝胶渗透色谱仪工作原理图

S—样品；R—流动相

色谱柱是凝胶渗透色谱仪的核心部件，是一根填充不同孔径凝胶粒子的空心不锈钢管。填充的凝胶粒子孔径越小，孔径分布越均匀，堆积越致密。管柱越长，色谱柱的分离效果越高。色谱柱的选择需根据样品化学成分、大致分子量分布范围以及实验条件来选择。首先，色谱柱有使用的上限和下限，即能够分离最大分子链尺寸和最小分子链尺寸。当样品分子链尺寸超过上限或者低于下限时都无法被色谱柱有效分离。因此要根据样品大致的分子量范围选择对应的色谱柱。其次，选择合适类型的凝胶粒子，且该凝胶粒子不溶于流动相。如：聚苯乙烯凝胶适用于有机溶剂体系，交联聚乙酸乙烯酯凝胶及聚丙烯酰胺凝胶适用于乙醇、水等极性体系，无机硅胶适合水和有机溶剂体系，多孔玻璃则适合水和无机溶剂体系。高温凝胶渗透色谱则需要特殊的耐高温型色谱柱。

凝胶渗透色谱的检测器通常为示差折光检测器，根据聚合物溶液与纯溶剂折射率的差异，当有聚合物流出来时，示差折光检测器中样品池的折射率会发生变化，同时记录下时间，即流出组分的保留时间。将保留时间代入校正曲线计算可得该组分的分子量。

示差折光检测器测定的是聚合物分子量，如增加黏度检测器可测定聚合物的黏均分子量，或者增加光散射检测器可测定聚合物的绝对分子量。当样品在紫外区有吸收或者会产生荧光时，还可以配置紫外检测器或者荧光检测器，用以测定特定分子的分子量。

检测系统用于数据的采集、存储。

三、凝胶渗透色谱仪操作注意事项

1. 每次开机后均需用洗脱液冲洗整个管路系统和色谱柱，确保基线平衡后才能开始实验。

2. 测样前需要用标样校准，每天一次为宜。

3. 测试过程中严禁进样或者晃动样品架。

4. 样品先用孔径为 0.45μm 的含氟微孔膜过滤，防止未溶解物质和杂质堵塞管路。

四、实验步骤

1. 试样准备

样品完全干燥，充分溶解于溶剂中（可适当加热促进溶解），用滤膜除去杂质。样品浓度在0.03%～0.5%（质量分数）之间，浓度不宜过高，否则会使色谱柱过载，分离效果下降，缩短色谱柱使用寿命。注意事项：①可轻微振荡样品辅助溶解，切不可剧烈晃动或者使用超声，以免样品降解；②测试前，样品必须用孔径为 0.45μm 的滤膜过滤杂质。

2. 色谱柱的选择

色谱柱对样品分离效果起到关键作用。首先，根据所用溶剂选择合适的色谱柱；其次，根据样品分子量范围选择色谱柱，要求样品分子量分布最好处在色谱柱的校正曲线的线性范围内。

3. 标样的选择

根据溶剂类型和色谱柱种类选择标样，常用的有：①聚苯乙烯标样，适用于四氢呋喃溶剂，与聚苯乙烯色谱柱配合使用；②聚氧化乙烯标样、聚乙二醇标样，适用于水溶剂体系和水性色谱柱；③聚甲基丙烯酸甲酯标样，适用于 N,N-二甲基甲酰胺溶剂。

4. 溶剂的选择

常用有机类溶剂有四氢呋喃、氯仿、N,N-二甲基甲酰胺等。水溶性样品所用溶剂为超纯水，根据样品的极性还需要加入不同的盐类辅助样品分子在水溶液中的分散，降低分子间、分子和溶剂间、分子与凝胶粒子间的相互作用。

5. 测试步骤

打开电脑、软件、凝胶渗透色谱仪主机，设定流速、柱温箱温度、测试条件。将标样、样品依次放入自动进样器托盘（配置手动进样器需先测试标样），设定运行时间和样品测定序列。测试完成后用分析软件分析标样和样品数据，计算样品分子量。测试完成后，执行关机步骤，关闭主机，退出软件，关闭电脑。

五、数据处理

1. 分子量校正曲线的计算❶

① 样品。不同分子量的单分散聚苯乙烯。

② 仪器设备。凝胶渗透色谱仪。厂家为日本东曹株式会社，型号为 HLC-8320 GPC。

③ 参数设置。选择聚苯乙烯-二乙烯苯凝胶色谱柱，四氢呋喃为溶剂（流动相），柱温箱温度为 40℃，流速为 0.6mL/min，采用示差折光检测器检测信号。

④ 表 3-1 为不同分子量聚苯乙烯单分散标样的保留时间，根据校正曲线拟合公式 $\lg M = at^3 + bt^2 + ct + d$，式中，$M$ 为分子量，t 为保留时间，a、b、c、d 为参数。进行多次曲线回归计算，得到如图 3-3 所示的校正曲线和表 3-2 中的校正参数。

表 3-1 不同分子量聚苯乙烯的保留时间

保留时间/min	分子量	标记
5.745	8420000	标准品
5.800	5480000	标准品
6.413	1090000	标准品
6.670	706000	标准品
7.328	190000	标准品
7.660	96400	标准品
8.458	18100	标准品
8.717	10200	标准品
9.373	2420	标准品
9.775	1010	标准品

❶ 该实验涉及的凝胶渗透色谱仪资料由日本东曹株式会社提供。

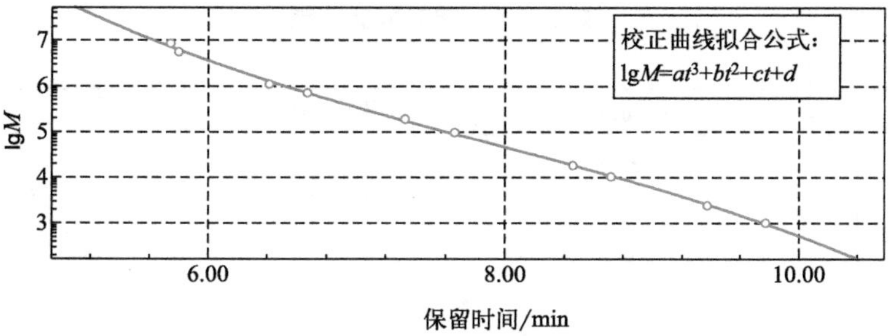

图 3-3　不同分子量聚苯乙烯保留时间的校正曲线

表 3-2　校正参数值

参数	参数值
a	-2.534214×10^{-2}
b	0.6030414
c	−5.639032
d	24.15142

2. 聚苯乙烯分子量测定

① 样品。分子量未知的聚苯乙烯样品。

② 仪器设备。凝胶渗透色谱仪，厂家为日本东曹株式会社，型号为 HLC-8320 GPC。

③ 参数设置。选择聚苯乙烯-二乙烯苯凝胶色谱柱，四氢呋喃为溶剂（流动相），柱温箱温度为 40℃，流速为 0.6mL/min，采用示差折光检测器检测信号。

④ 图 3-4 为样品保留时间的谱图，有 5 个主要峰，说明样品中至少含有 5 组分子量差异较大的组分。谱图中这 5 个峰间距较大，说明各组分的分离程度较高。如遇到谱图中峰相互重叠，说明各组分的分离程度较低，需要考虑更换测试条件提高组分的分离程度。

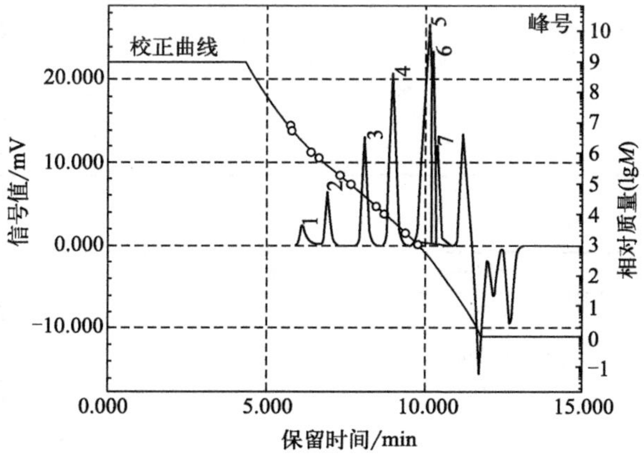

图 3-4　样品保留时间谱图及校正曲线

⑤ 表 3-3 中列出了每个峰的起始时间和峰值对应时间，根据校正曲线计算出不同保留时间对应的分子量。

表 3-3　谱图的解析结果

峰 1

	时间/min	信号值/mV		
			$\overline{M}_n$	2126488
峰起始点	5.993	0.219	$\overline{M}_w$	2266978
峰顶点	6.143	2.422	$\overline{M}_z$	2390236
峰终止点	6.558	0.090	$\overline{M}_{z+1}$	2497596
			$\overline{M}_v$	2266978
峰高/mV			M_p	2468486
峰面积/(mV·s)			$\overline{M}_z/\overline{M}_w$	1.054
峰面积占比/%			$\overline{M}_w/\overline{M}_n$	1.066
			$\overline{M}_{z+1}/\overline{M}_w$	1.102

峰 2

	时间/min	信号值/mV		
			$\overline{M}_n$	364445
峰起始点	6.763	0.139	$\overline{M}_w$	376074
峰顶点	6.938	6.567	$\overline{M}_z$	385976
峰终止点	7.400	−0.013	$\overline{M}_{z+1}$	394753
			$\overline{M}_v$	376074
峰高/mV			M_p	390827
峰面积/(mV·s)			$\overline{M}_z/\overline{M}_w$	1.026
峰面积占比/%			$\overline{M}_w/\overline{M}_n$	1.032
			$\overline{M}_{z+1}/\overline{M}_w$	1.050

峰 3

	时间/min	信号值/mV		
			$\overline{M}_n$	36268
峰起始点	7.858	0.060	$\overline{M}_w$	37343
峰顶点	8.092	13.196	$\overline{M}_z$	38304
峰终止点	8.580	−0.047	$\overline{M}_{z+1}$	39193
			$\overline{M}_v$	37343
峰高/mV			M_p	38028
峰面积/(mV·s)			$\overline{M}_z/\overline{M}_w$	1.026
峰面积占比/%			$\overline{M}_w/\overline{M}_n$	1.030
			$\overline{M}_{z+1}/\overline{M}_w$	1.050

峰 4

	时间/min	信号值/mV		
			$\overline{M}_n$	5858
峰起始点	8.712	0.131	$\overline{M}_w$	6112
峰顶点	8.982	20.795	$\overline{M}_z$	6354
峰终止点	9.433	−0.007	$\overline{M}_{z+1}$	6586
			$\overline{M}_v$	6112
峰高/mV			M_p	6156
峰面积/(mV·s)			$\overline{M}_z/\overline{M}_w$	1.040
峰面积占比/%			$\overline{M}_w/\overline{M}_n$	1.043
			$\overline{M}_{z+1}/\overline{M}_w$	1.078

续表

峰5

	时间/min	信号值/mV		
峰起始点	9.662	0.411	$\overline{M}_n$	451
峰顶点	10.127	26.699	$\overline{M}_w$	491
峰终止点	10.205	23.078	$\overline{M}_z$	541
			$\overline{M}_{z+1}$	598
			$\overline{M}_\eta$	491
峰高/mV			M_p	372
峰面积/(mV·s)			$\overline{M}_z/\overline{M}_w$	1.102
峰面积占比/%			$\overline{M}_w/\overline{M}_n$	1.089
			$\overline{M}_{z+1}/\overline{M}_w$	1.218

注：$\overline{M}_n$ 为数均分子量；$\overline{M}_w$ 为重均分子量；$\overline{M}_z$ 为平均分子量；$\overline{M}_{z+1}$ 为更高的平均分子量；$\overline{M}_\eta$ 为黏均分子量；M_p 为最高峰的分子量。

六、实验报告撰写要求

1. 撰写实验目的、测试原理、实验仪器构造。
2. 撰写制样过程、仪器参数设置、基本操作步骤。
3. 分析实验数据并计算样品的分子量和分子量分布。
4. 回答思考题。

七、思考题

1. 描述自己在实验中对实验原理、实验操作过程的理解，对实验结果准确程度的判断，以及自己的体会和在该实验中的经验积累，总结今后开展该类型实验时应该注意哪些问题，如何改进和提高？

2. 哪些因素影响凝胶渗透色谱柱的柱效能？

3. 在更换色谱柱或色谱柱重装后，为什么要重新拟合校正曲线？

4. 当凝胶渗透色谱分离效果降低时，改变哪些参数设置有助于提高分离效率？哪些参数设置改变后需要重新拟合校正曲线？

5. 具有相同分子量的支化和线型聚合物分子哪个先流出色谱柱？

八、参考文献

[1] 杨万泰．聚合物材料表征与测试［M］．北京：中国轻工业出版社，2008.

[2] 周天楠．聚合物材料结构表征与分析实验教程［M］．成都：四川大学出版社，2016.

[3] 李谷，符若文．高分子物理实验［M］．2版．北京：化学工业出版社，2014.

实验 4

差示扫描量热法（DSC）测定聚合物的热转变

一、实验目的

1. 掌握差示扫描量热仪的基本构造和测试原理。
2. 掌握样品的制样方法和 DSC 的测试方法，完成聚合物热转变实验。
3. 掌握数据软件的使用方法，熟悉分析测试中各种参数的意义。

二、差示扫描量热仪基本原理

差示扫描量热法（differential scanning calorimetry，DSC）是热分析技术的一种，在程序升温过程中，检测参比样品和样品间功率差随温度变化的情况，表征材料发生物理或化学变化时产生的热效应。该技术的应用领域十分广泛，其可用于物质相变分析，可表征分子的结晶/熔融行为，可测定氧化诱导期，分析化学反应中的热变化以及聚合物材料的玻璃化转变过程、结晶动力学、反应动力学参数等信息。调制 DSC 可以进一步区分材料在变温过程中的可逆热流（如玻璃化转变、熔融等信息）与不可逆热流（固化、挥发、降解等）的变化，将一个包含可逆和不可逆热流信号的复合峰分解成多个单一热流信号峰。

差示扫描量热仪主要由炉体、信号放大器、气氛控制装置和控制系统组成。其中炉体是差示扫描量热仪最重要的部分，根据测试原理的不同，差示扫描量热仪可分为补偿型和热流型。图 4-1 中（a）图为补偿型差示扫描量热仪的双炉体结构，每个炉体下有一组补偿加热

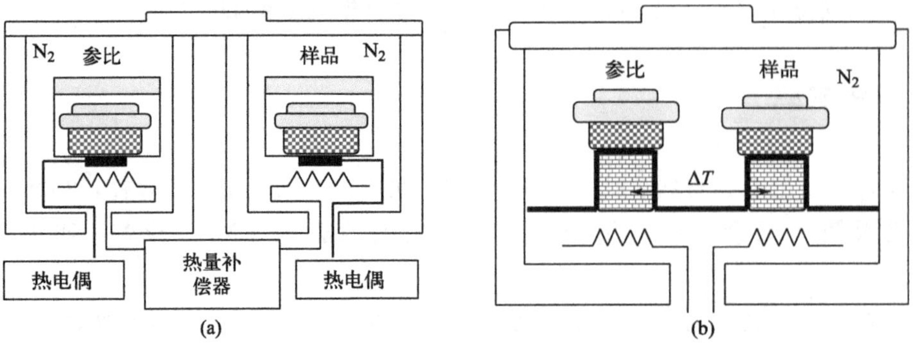

图 4-1 补偿型（a）和热流型（b）差示扫描量热仪的炉体

丝，样品和参比样品分别放置于两个炉体中，保证样品和参比样品的热流变化是在相同且隔绝外界的环境中测定的。当样品吸热时（如熔融），样品温度低于参比样品温度，补偿加热丝电流增大，对样品加热，直至两者温度相同；当样品放热时（如结晶），样品温度高于参比样品温度，参比样品下方的补偿加热丝电流增大，对参比样品加热，直至两者温度相同。这样能保证两个炉体温度差为零，使系统始终在动态零位平衡状态。因此补偿型差示扫描量热仪测试的是热功率和温度之间的关系。热流型差示扫描量热仪［图 4-1(b)］是单炉体，样品和参比样品放置在同一容器中，在程序升降温过程中，样品内部发生物理或化学变化而产生吸热或放热现象，样品温度改变量与参比样品不一致进而产生温差，根据样品和参比样品的温差与程序温度的对应关系，推算样品在程序升降温过程中的热流变化。

调制 DSC（modulated differential scanning calorimetry，MDSC）是在传统线性变温基础上叠加一个正弦振荡的温度程序（图 4-2），同时测量热容变化和热流量，即测量与升温速率相关的热容信号和与升温速率不相关的动力学部分［如式（4-1)］；前者为可逆热流（如玻璃化转变，熔化转变），后者为不可逆热流（如结晶、分子松弛、固化、挥发、分解等）。

$$dH/dt = C_p(dT/dt) + f(T, t) \tag{4-1}$$

式中，$C_p(dT/dt)$ 为总热流量的可逆热流成分，即与升温速率相关的热容信号；$f(T, t)$ 为总热流量的动力学成分，由总信号与热容成分之差计算所得；dH/dt 为 DSC 测得的总热流量。

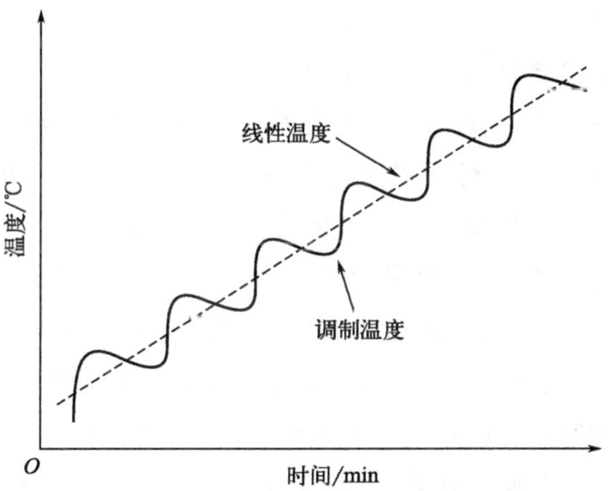

图 4-2　MDSC 的程序温度与时间的关系

MDSC 测试条件的设置需要考虑以下 3 点：

① 调制周期长，保证传感器与试样之间的热流传递；

② 调制振幅大，保证良好的灵敏度，过大会降低分辨率；

③ 平均升温速率慢，保证有较多的热循环；一般来说玻璃化转变区域和冷结晶/熔融区域的半峰宽以包含 4 个以上调制周期数为佳。

相比 DSC，MDSC 具有如下优势：①可将混合信号分解成可逆和非可逆信号，有助于分析材料的热历史过程；②更精确地测量热容和结晶度；③检测信号的灵敏度变高；④聚合物初始结晶度测量更加准确。

三、差示扫描量热仪使用注意事项

1. 测试温度范围不得超出坩埚耐受温度，更不能超出 DSC 测试要求范围。
2. 设置温度不能超过样品的分解温度，使用环境注意通风。
3. 严格按照仪器规程进行操作，并定期校准。

四、实验步骤

1. 试样准备

聚对苯二甲酸乙二醇酯（PET），质量控制在 5～8mg 为宜，精确称重后在铝制坩埚中封装、压实，且体积不超过坩埚容积的 2/3。氧化诱导期测试可以选择橡胶或者聚乙烯等样品。制样过程需注意：①薄片状样品最佳，如不是可以切成粒状再填装，保证样品与样品皿底部能充分接触；②先用热重分析仪测试样品的热分解温度，再进行 DSC 测试，确保样品的 DSC 升温范围远低于样品的热分解温度；③样品为不易挥发物质，不含易挥发组分，不能是膨胀性材料；④保证 DSC 样品皿干净并封装样品；⑤坩埚一般为铝制坩埚，或为不与样品发生反应的导热性良好的金属材质坩埚。

2. 参数设置要求

仪器厂家为美国 TA 仪器公司，型号为 Q200。

① 测试温度范围。根据样品玻璃化转变温度、结晶温度、熔点等设定测试温度区间。

② 升温程序设定。根据样品性质设定升温速率及恒温时间，用于测试样品的玻璃化转变温度、结晶温度、熔点、结晶动力学、氧化诱导期等参数。

③ 调制 DSC 参数设定。对于易检测的 T_g，调制周期通常为 40s，升温速率为 3℃/min，调制振幅为±0.318℃；对于难检测的 T_g，调制周期通常为 60s，升温速率为 2℃/min，调制振幅为±0.318℃；对于在 T_g 以下有很大热容松弛的样品，调制周期通常为 40s，升温速率为 1℃/min，调制振幅为±0.16℃。升温速率应保证在转变过程中应该有 4 个以上调制周期数，即玻璃化转变台阶区域或者熔融/结晶峰的半峰宽内包含 4 个以上的调制周期数（图 4-3）。

3. 以聚对苯二甲酸乙二醇酯为例设定测试程序

① 常规测试程序。30℃下恒温 5min，以 5℃/min 的速率升温至 250℃（观察 PET 冷结晶和熔融行为）；在 250℃下恒温 1min 以消除热历史；再以 5℃/min 的速率降温至 30℃（观察 PET 的结晶行为）。

② 调制测试程序。30℃下恒温 5min，设定 60s 内完成一个调制循环（振幅为±1℃），该调制模式下升温速率设定为 3℃/min，升温至 200℃。

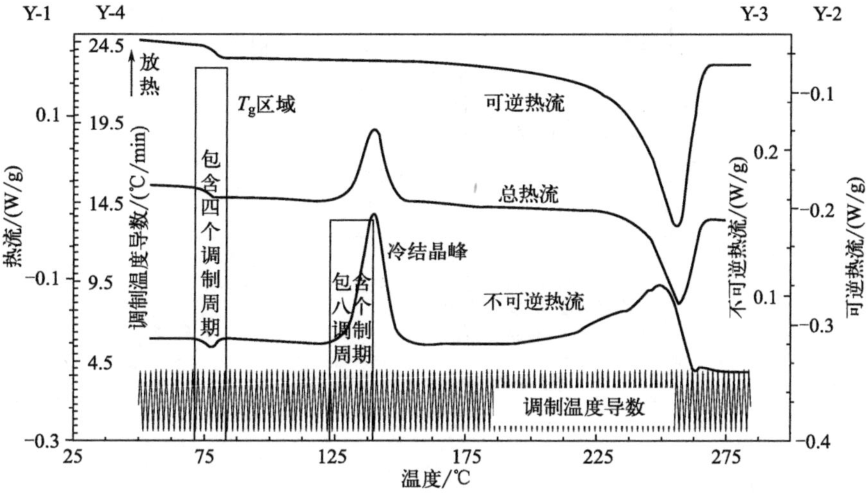

图 4-3　PET 的 MDSC 测试数据[1]

4. 以橡胶或聚乙烯为例设定测试程序

氧化诱导期测试程序。30℃下恒温 5min，以 10℃/min 的速率升温至 210℃，恒温 5min，切换氧气气氛后恒温 100min，待氧化峰出现。

5. 测试步骤

打开高纯氮气瓶（测试氧化诱导期时还需打开高纯氧气瓶），确保输出压力为 0.1MPa。依次打开仪器电源、计算机、制冷机，打开软件进入测试界面。仪器稳定后，将精确称重的样品放在一侧检测器上，空铝制坩埚作为参比样放置在另一检测器上。编辑测试程序（或者调制模式下的测试程序），编辑完毕后开始实验。实验完毕后保存数据，并按要求关机。

五、谱图分析和数据处理

1. 常规 DSC 谱图分析及影响因素

图 4-4 是综合 DSC 谱图，涵盖了聚合物最主要的 5 种热历史：玻璃化转变、结晶、熔融、化学反应和热分解。其中玻璃化转变、熔融、热分解属于吸热行为，结晶、化学反应（如固化、氧化等）属于放热行为。

① 玻璃化转变温度（T_g）。玻璃化转变在谱图上呈现出一个台阶的形状。玻璃化转变温度一般取台阶中点值 [图 4-5(b)]，也可将基线与曲线切线（斜率绝对值最大）的交点作为玻璃化转变温度 [图 4-5(a)]。该转变与众多因素相关，除样品本身因素外（如分子量、结晶度、交联度等），还与测试条件有很大关系。常用的测试方法有两种，一种是快速降温慢速升温，另一种是慢速降温快速升温。

影响 T_g 的因素有：a. 测试玻璃化转变温度前需先消除样品的热历史，降低热焓松弛对

[1] 本章节所涉及的调制 DSC（MDSC）相关数据和资料由美国 TA 仪器公司提供。

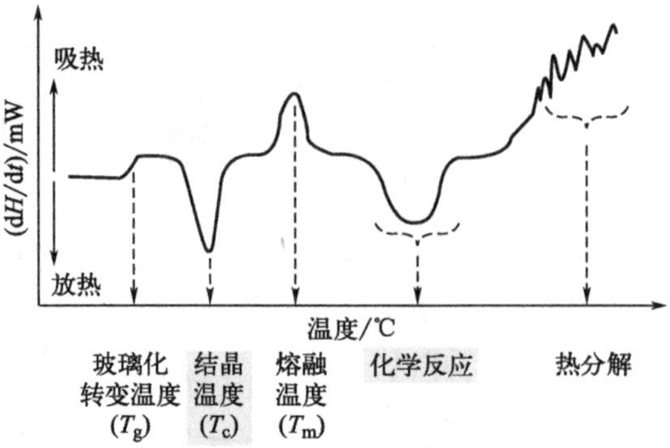

图 4-4 综合 DSC 谱图

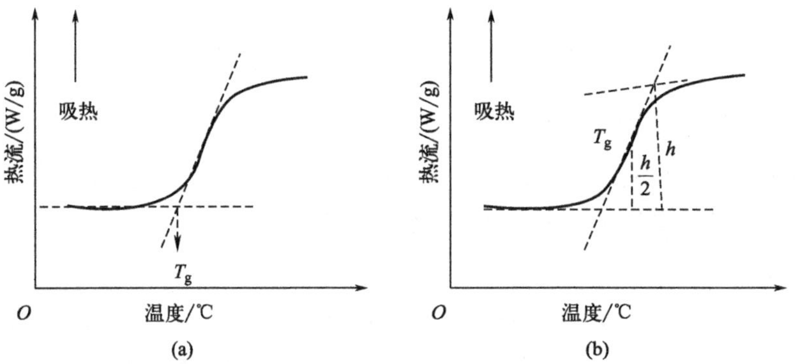

图 4-5 玻璃化转变温度的解析方法

T_g 的影响；b. 升降温速率，降温速率越快，越能保证样品分子链迅速冻结而不发生热焓松弛、分子链有序化等现象，测出的 T_g 越接近真实值；由于热滞后，升温速率越快，测出的 T_g 偏离程度越大；c. 样品与样品皿底部接触越紧密，越利于热传递，测试结果也越准确。样品不宜过厚，太厚增加热传导时间，导致仪器测定的温度与样品内部实际的温度偏离。

② 结晶/熔融过程。结晶/熔融过程是个放热/吸热的过程，在 DSC 曲线上会出现结晶/熔融峰。峰值对应的温度为结晶温度（T_c）/熔点（T_m），基线与熔融曲线上升段切线（斜率绝对值最大）的交点为起始熔融温度（T_{im}），基线与结晶曲线下降段切线（斜率绝对值最大）的交点为起始结晶温度（T_{ic}）。测试过程中需选择合适的升降温速率来测试结晶温度和熔点，升温速率越快熔点越高，降温速率越快结晶温度越低，此类现象是由聚合物的特性决定，无法避免。同一批次样品应该用相同的测试条件进行测试，这样得到的结果才有可对比性。与 T_g 测试一样，结晶/熔融测试中，样品不宜太厚，且保证样品与样品皿底部接触紧密。

③ DSC 测定结晶度。对熔融峰面积进行积分得熔融热焓，此熔融热焓与该样品的标准熔融热焓的比值为样品的结晶度（图 4-6）。

2. 调制 DSC 结果分析

图 4-7 展示了典型的聚对苯二甲酸乙二醇酯（PET）的 MDSC 的信号，总热流信号即为传统 DSC 的热流信号，可逆热流信号包括热容改变（玻璃化转变）以及熔融信号。不可逆

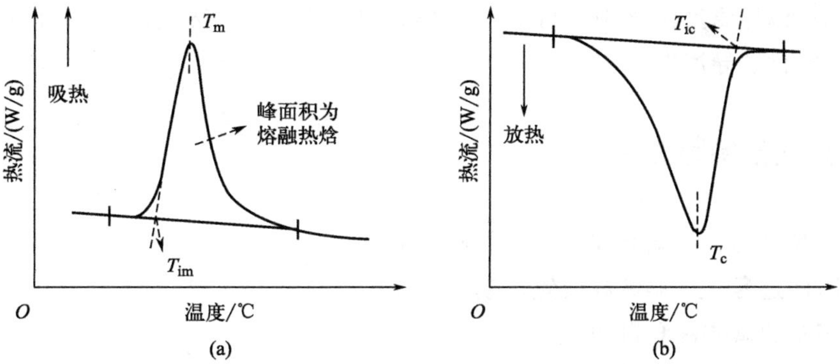

图 4-6　熔点、熔程（a）及结晶温度范围（b）的确定

热流信号是指伴随在玻璃化转变过程中发生的热焓松弛、冷结晶过程，以及包含在熔融过程中的结晶完善行为。

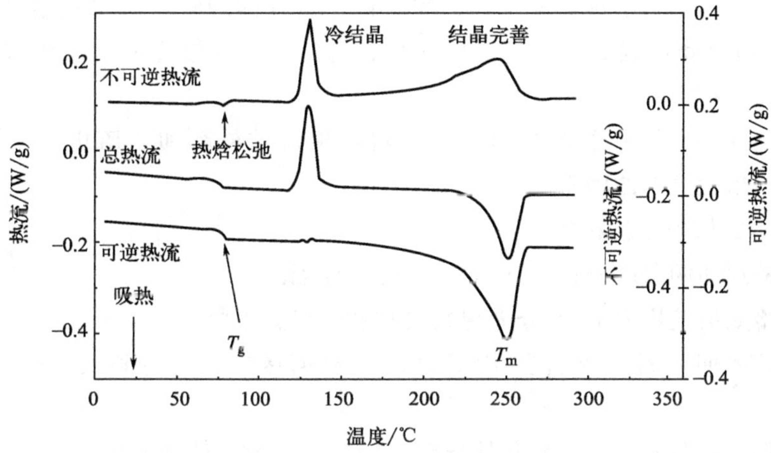

图 4-7　聚对苯二甲酸乙二醇酯的 MDSC 信号

3. 氧化诱导期结果分析

图 4-8 为氧化诱导期解析方法示意图，其中样品在到达设定温度前可能会经过熔点而出现熔融过程，也可能不经过熔点而没有熔融过程。样品到达设定温度后开始计时，当出现氧化放热峰时，停止实验。用切线法处理得拐点值即样品在该温度下的氧化诱导期。氧化诱导期能够反映材料在该温度下的耐热性或热稳定性。

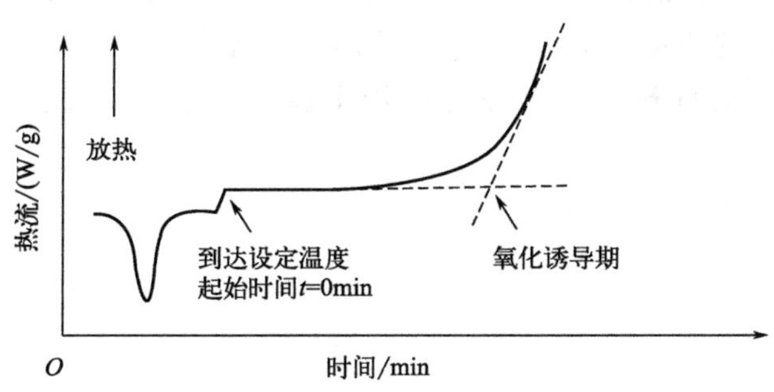

图 4-8　氧化诱导期解析方法

在动态氧化诱导温度测试中，可参考中华人民共和国国家标准 GB/T 19466.6—2009，用切线法确定氧化诱导温度。

六、实验报告撰写要求

1. 撰写实验目的、测试原理、实验仪器构造。
2. 撰写制样过程、仪器参数设置、基本操作步骤。
3. 撰写实验测试方法和目的。
4. 分析实验结果并回答思考题。

七、思考题

1. 请描述自己在实验中对实验原理、实验操作过程的理解，对实验结果准确程度的判断，以及自己的体会和在该实验中的经验积累，总结今后在该类型实验中应该注意哪些问题，如何改进和提高？

2. 除测试条件外，从分子链结构以及材料凝聚态结构和加工历史方面分析影响材料 T_g、结晶温度、熔融温度的因素。

3. MDSC 是如何确定材料的 T_g？

4. 从分子链运动的角度分析 DSC 曲线变化的原因？

5. 设计实验如何使用 DSC 区分无规共聚物和嵌段共聚物？

6. 思考聚乙烯回收料与新料在 DSC 谱图上有何区别，如何利用 DSC 区分回收料与新料？

7. 查阅资料设计测试聚乙烯氧化诱导温度的实验及数据处理方法。

8. DSC 测定的结晶度和 X 射线衍射（XRD）测定的结晶度有什么不同？两者是否具有可比性？为什么？

八、参考文献

[1] 中华人民共和国国家质量监督检验检疫总局，中国国家标准化管理委员会 . GB/T 19466.6—2009 塑料 差示扫描量热法（DSC）第 6 部分：氧化诱导时间（等温 OIT）和氧化诱导温度（动态 OIT）的测定 [S]. 北京：中国标准出版社，2010.

[2] 周天楠 . 聚合物材料结构表征与分析实验教程 [M]. 成都：四川大学出版社，2016.

实验 5

聚合物温度-形变曲线的测定（热机械分析仪测定）

一、实验目的

1. 掌握热机械分析仪的基本构造和测试原理。
2. 理解样品温度-形变曲线的意义以及对应材料结构的改变。
3. 掌握样品温度-形变曲线的测试方法和分析方法。

二、热机械分析仪基本原理

热机械分析法（thermo-mechanical analysis，TMA）[1] 是热力学分析技术的一种，分析材料外形尺寸（二维或三维）随外界温度以及外力变化的改变情况。该方法是表征聚合物材料尺寸稳定性的重要手段。根据材料外形尺寸与温度的关系可测定材料的热膨胀系数、玻璃化转变温度和软化点、凝胶点等；根据材料外形尺寸与时间的关系可以测定材料的蠕变性能；还可施加外力测定复合材料中各组分的界面强度或者界面相容性，如增强填料与基体界面、基板与涂层界面、层压板各层界面等。TMA 具有多种形变模式的测试方法，如压缩模式、拉伸模式、弯曲模式、体膨胀模式等。利用与 TMA 配套的探头，可以测定不同形状样品的热力学性能。

TMA 由炉体及探头、测量系统、载荷系统以及数据记录系统组成。测量系统中的线性位移传感器是该系统的核心部分，在较宽温度范围（−150～800℃）内测量样品膨胀或收缩所产生的尺寸变化。载荷系统是利用非接触式马达对样品施加一种无损耗形式的力（包括静态力、线性变化力和振荡动态力），力的大小范围一般是 0.001～1N，额外加载砝码还可以将力增加至 2N。TMA 常用的探头为标准膨胀探头、穿刺探头、三点弯曲探头、薄膜及纤维拉伸夹具，如图 5-1 所示。根据样品的形状和尺寸在测试时选择不同种类的探头。

三、聚合物温度-形变曲线测试原理

聚合物温度-形变曲线是程序控温下被测量材料在恒定载荷下产生的形变随温度变化的

[1] 本实验所涉及的 TMA 相关数据和资料由美国 TA 仪器公司提供。

(a) 标准膨胀探头　(b) 穿刺探头　(c) 三点弯曲探头　(d) 薄膜及纤维拉伸夹具

图 5-1 TMA 探头种类

曲线。线型非晶态聚合物在不同的温度范围内可表现为 3 种力学状态：玻璃态、高弹态、黏流态。在玻璃态下，材料内分子链和链段运动被冻结，外力只能引起高分子键长、键角的变化，呈现出刚性状态，此时材料的弹性模量大，形变与应力符合胡克定律，在温度-形变曲线上表现为一段斜率很小的直线。随着温度上升，达到 T_g 时，分子热运动能量能够克服分子链段运动的位垒，链段运动被激发，但整个分子链不能移动，此时材料进入高弹态。高弹态下，外力作用促使聚合物主链发生内旋转，所需要的力小于玻璃态时形变所需要的力，而形变量却大很多，这种力学性质被称为高弹态，当外力撤除后形变可回复。当温度继续升高时，不仅链段运动松弛时间变短，而且整个分子链移动的松弛时间也缩短到与实验观察时间同数量级，材料在外力作用下发生黏性流动，整个分子链可以滑动，与低分子量液体流动类似，形变不回复。非晶态聚合物的分子量增加会造成整个分子链运动困难，表现出黏流温度（T_f、T_f'）升高的情况（图 5-2）。

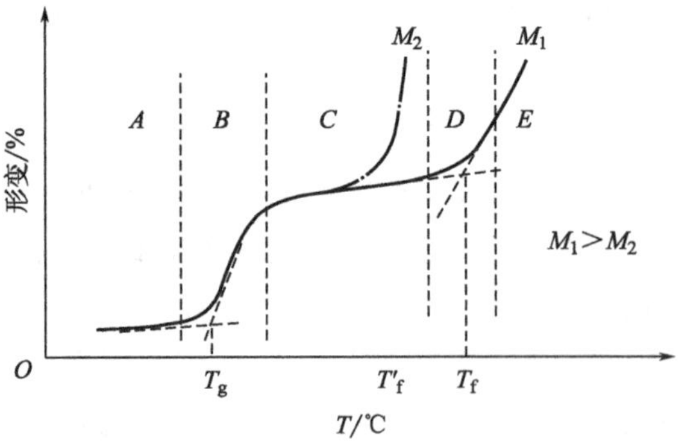

图 5-2 线型非晶态聚合物的温度-形变曲线

A—玻璃态；*B*—过渡区；*C*—高弹态；*D*—过渡区；*E*—黏流态

材料的温度-形变曲线会随着分子量的改变而发生变化。以聚苯乙烯为例，当分子量较低时，整个分子就是一个链段，链段发生运动就是整个分子发生运动，转变温度就是流动温度 T_f，这种低分子量的聚苯乙烯是不存在高弹态的，其流动温度随分子量的增加而增加，如图 5-3 中曲线 1～7 所示。随着分子量的增加，一个分子链可以分成很多链段，当整个分子链不能运动的时候，链段运动已经被激发，样品呈现高弹态，出现玻璃化转变温度。由于玻璃化转变温度反映的是链段的运动能力，因此不再随着分子量的增加而提高。但反映整个分子链运动能力的黏流温度会随着分子量的增加而提高，高弹态的平台区也变宽，如图 5-3 中曲线 8～9 所示。

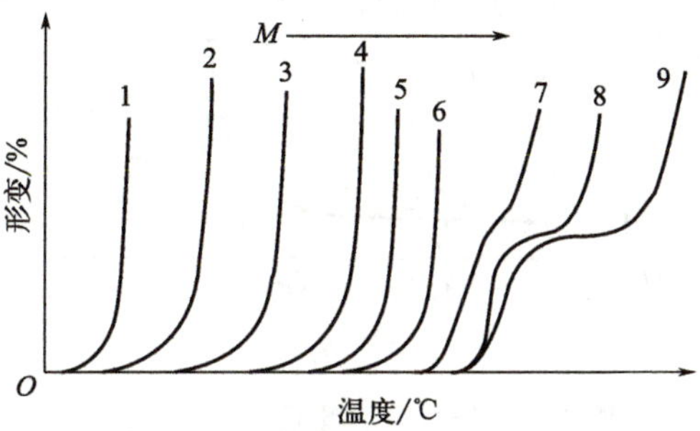

图 5-3　不同分子量聚苯乙烯的温度-形变曲线

M 分别为 1—360；2—440；3—500；4—1140；5—3000；6—40000；7—120000；8—550000；9—638000

对于结晶聚合物，由于晶区的存在，晶区熔融后材料是否进入黏流态要视分子量而定。如果分子量不大，材料的结晶温度高于黏流温度，晶区熔融后，即测试温度超过熔点，材料进入黏性流体状态；如果材料的分子量很大，需要很大的能量才能使材料中整个分子链运动，材料的黏流温度高于熔点，当样品温度超过熔点后，材料进入高弹态，直至温度进一步升高至黏流温度以上，材料才进入黏流态（图 5-4）。一般来说，前者更利于加工。结晶聚合物的分子量通常要控制得低一些，以能满足制品的机械强度为宜。

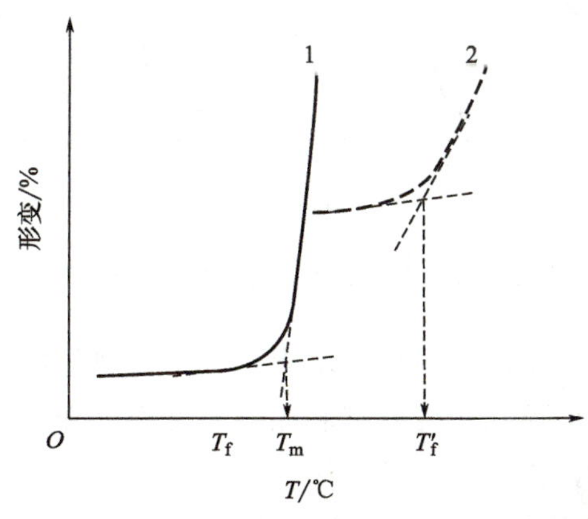

图 5-4　分子量不同的结晶聚合物温度-形变曲线

1—一般分子量的结晶聚合物；2—分子量很大的结晶聚合物

对于轻度结晶的聚合物，微结晶区相当于交联点。这些区域之间的链段仍能在高于玻璃化转变温度后运动，材料具有明显的玻璃化转变现象（图 5-5）。当结晶度增加到一定程度时，微晶区贯穿材料成为连续的结晶区，其温度-形变曲线在熔点以前观察不到明显的转折。

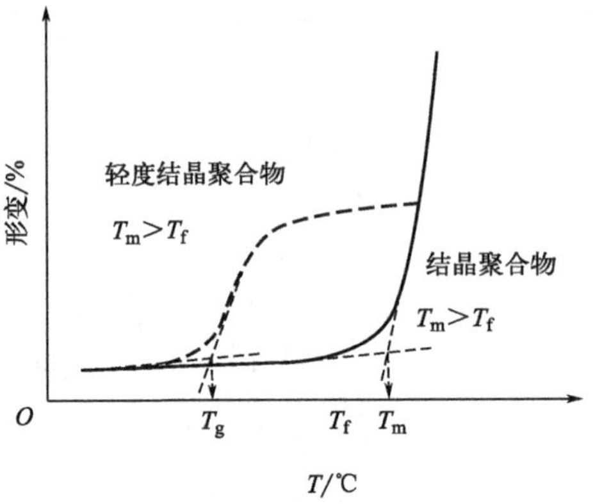

图 5-5 结晶聚合物温度-形变曲线

对于淬火的结晶性聚合物来说，当温度到达玻璃化转变温度时分子链段才开始运动，出现明显的形变。由于其结晶的特性，此时链段开始排入晶格形成晶态聚合物，于是样品开始变硬，形变减小（图 5-6）。当温度到达熔点后，如果聚合物分子量不大，材料进入黏流态；如果分子量很大，材料进入高弹态，进一步升温，到达黏流温度时，进入黏流态。

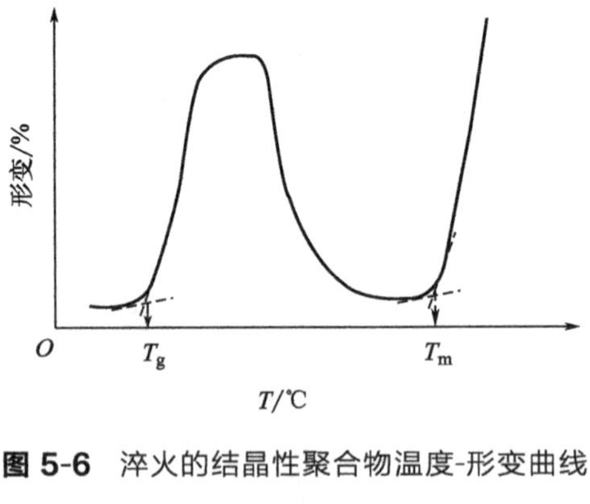

图 5-6 淬火的结晶性聚合物温度-形变曲线

当材料添加增塑剂后，分子链间的空间增大，分子链间作用力减小，使得分子链段和整个分子链运动容易，材料的玻璃化转变温度和黏流温度都下降。

当材料是交联聚合物时，由于大分子链段之间有化学键交联，整个分子链不能流动，因此没有黏流态，也没有黏流温度。在形变-温度曲线上表现为高弹态的平台线是一条直线。随着交联程度的增加，高弹态的形变量会减小。因此凭借形变-温度曲线可以判断材料的交联程度。

四、影响 TMA 实验结果的因素

① 震动。位移测试精度为 0.5nm，微小的震动都会产生测试误差，出现如图 5-7 所示的数据跳跃。

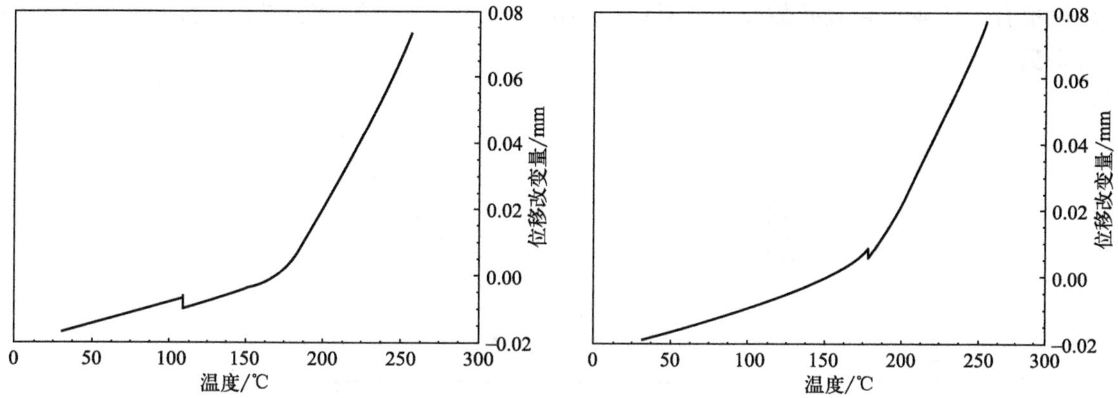

图 5-7　数据波动

② 样品尺寸均匀性。样品尺寸不均匀，产生的膨胀和收缩也不均匀，造成测试结果不精确。

③ 升温速率。聚合物材料的热滞后效应会影响到材料热变形的响应速度，因此升温速率越快，热变形响应越滞后，误差也就越大。通常情况下升温速率为 2～5℃/min。

④ 预设力值。探针对样品施加一定的压力，一则保证探针与样品紧密接触，二则探针可敏锐测试样品尺寸的变化，否则测出数据有一定幅度的波动。

五、实验步骤

1. 试样准备

聚苯乙烯、聚乙烯。

2. 样品制备

裁剪成 3mm（长）×3mm（宽）的样块。

3. 参数设置

仪器厂家为美国 TA 仪器公司，型号为 Q400EM。

膨胀探头，预加载荷 0.01N，起始温度 30～260℃，升温速率 10℃/min。

4. 测试步骤

接通氮气，打开制冷机、主机、计算机，打开软件并进入测试界面，校准夹具（更换探头后必须进行校准）；校准完毕后编辑测试方案，编辑测试类型、探针类型、样品尺寸、施加载荷、测试温度范围、升温速率等参数；编辑完毕后开始实验，实验完毕后保存数据，关闭仪器、氮气、计算机。

六、数据处理

在玻璃化转变温度前后，聚合物的线膨胀系数明显改变。图 5-8 为聚合物典型的体积膨胀-温度关系曲线。随着温度升高，材料的热膨胀系数明显增大。分别对低温区和高温区进行线性拟合，两条拟合直线的交点所对应的温度即玻璃化转变温度。黏流温度也可用相同的方法得到。

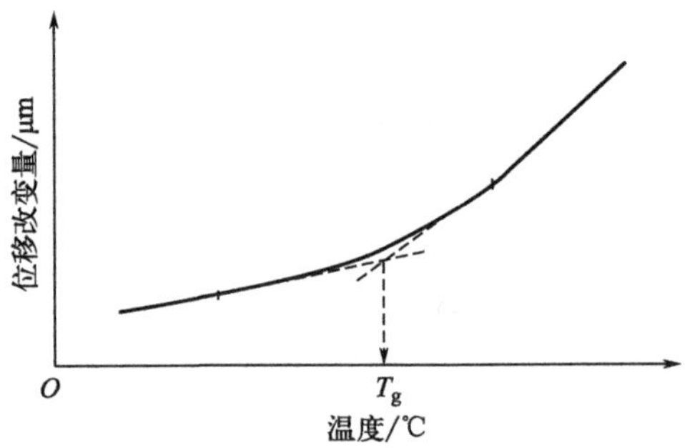

图 5-8　聚合物典型的体积膨胀-温度关系曲线

七、实验报告撰写要求

1. 撰写实验目的、测试原理、实验仪器构造。
2. 撰写制样过程、仪器参数设置、基本操作步骤。
3. 撰写实验测试方法和目的，标定样品的玻璃化转变温度。

八、思考题

1. 请描述自己在实验中对实验原理、实验操作过程的理解和对实验结果准确程度的判断，以及自己的体会和在该实验中的经验积累，总结今后在开展该类型实验时应该注意哪些问题，如何改进和提高？

2. 当预加载荷大于 0.01N，采用 0.1N、0.5N、1.0N、2.0N 时，材料的温度-形变曲线会有什么样的变化？通过实验解释原因。

3. 在结晶过程中，聚合物的 TMA 曲线会如何变化，试设计实验进行验证。

4. 交联橡胶和未交联橡胶的热膨胀行为有什么区别，请设计实验进行验证。

5. 请结合实验原理，推理并验证自然冷却的聚对苯二甲酸乙二醇酯（PET）的温度-形变曲线。

6. 在力学恢复实验中，首先对样品施加一个压力并维持一段时间，此时样品发生形变，一定时间后，撤去压力，样品开始恢复。请问该样品能否完全恢复到原来状态？如果不能请分析原因。可通过设计相关实验进行验证。

九、参考文献

[1] 何曼君．高分子物理 [M]. 上海：复旦大学出版社，2001.

[2] Matthias Wagner. 热分析应用基础 [M]. 陆立明，译．上海：东华大学出版社，2011.

[3] 杨海洋，朱平平，何平笙．高分子物理实验 [M]. 2 版．合肥：中国科学技术大学出版社，2008.

实验 6

聚合物蠕变曲线的测定

一、实验目的

1. 掌握蠕变现象产生的原理及测试方法。
2. 掌握蠕变曲线的分析方法。

二、聚合物蠕变现象及测试原理

蠕变是指聚合物在一定温度和较小恒定外力（拉力、压力或者扭力等）作用下，材料形变随时间增加而逐渐增大的现象。蠕变现象是聚合物黏弹性的表现形式之一，此外还有应力松弛、滞后和力学损耗等现象。

从分子运动和变化的角度分析，聚合物蠕变过程包含如下 3 种形变。

① 普弹形变。满足形变方程 $\varepsilon_1=\sigma/E_1$。式中，σ 是应力；E_1 是普弹形变模量。当外力撤去时，形变能够立刻完全回复。形变与时间的关系如图 6-1 所示。

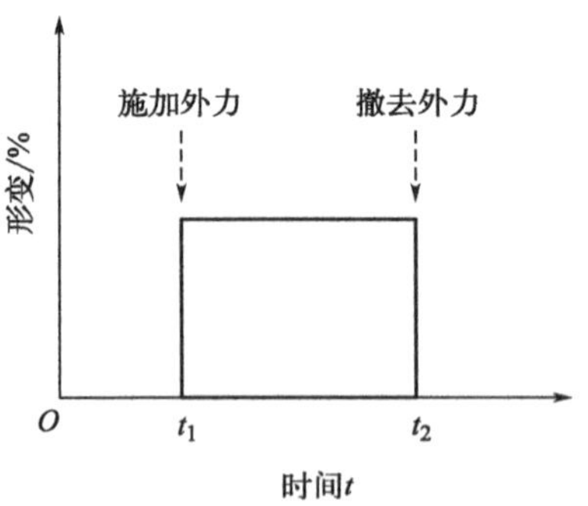

图 6-1 普弹形变

② 高弹形变。由于分子链在外力作用下通过链段运动逐渐伸展，形变比普弹形变大，满足形变方程 $\varepsilon_2=(1-e^{-t/\tau})\sigma/E_2$，与时间成指数关系（图 6-2）。式中，$\varepsilon_2$ 是高弹形变；τ 是松弛时间（或推迟时间），它与链段运动的黏度 η_2 和高弹模量 E_2 有关，即 $\tau=\eta_2/E_2$。撤去外力时，形变逐渐回复。

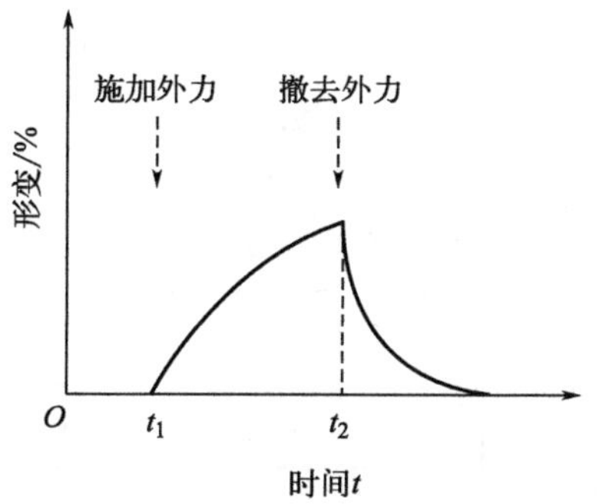

图 6-2　高弹形变

③ 黏性流动。由于分子链之间没有交联，分子链间的相对滑移称为黏性流动。外力撤去时，黏性流动的变化不能回复（图 6-3），产生的黏性流动 ε_3 成为不可逆形变。区别于可逆的普弹形变 ε_1 和高弹形变 ε_2，黏性流动 $\varepsilon_3=(\sigma/\eta_3)t$，其中 η_3 为本体黏度。

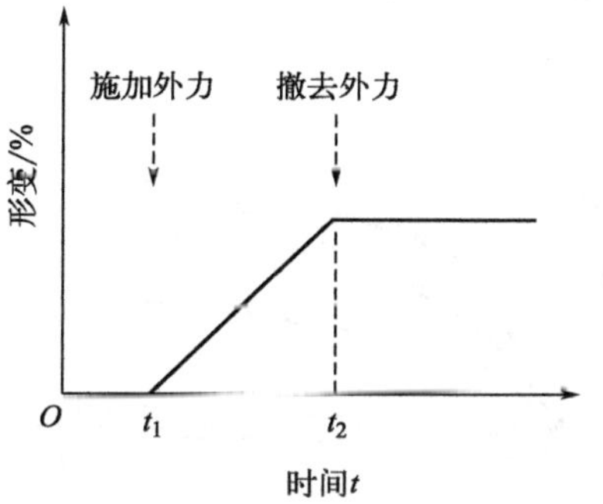

图 6-3　黏性流动

对于线型聚合物，受到外力时总的形变为 $\varepsilon(t)=\varepsilon_1+\varepsilon_2+\varepsilon_3$。当聚合物在玻璃化转变温度以下时，由于链段运动时间很长（τ 很大），分子间内摩擦力很大（η_3 很大），整个材料的形变以普弹形变 ε_1 为主。温度在玻璃化转变温度以上时，形变主要以 ε_1 和 ε_2 为主。当温度在黏流温度以上时，3 种形变都比较显著。对于线型聚合物来说，外力撤去后总有一部分无法回复的形变，称为永久形变。

图 6-4 为线型聚合物在 T_g 以上的蠕变曲线和回复曲线。当 $t_2-t_1=t\gg\tau$ 时，则 $e^{-t/\tau}\rightarrow 0$，$\varepsilon_3\rightarrow\varepsilon_\infty$（平衡高弹形变）。只要载荷施加时间足够长，远大于聚合物的松弛时间，那么在施加载荷期间，材料的高弹形变已经充分发生。蠕变曲线的最后部分可以被认为是纯粹的黏性流动，由这段曲线的斜率可以求得本体黏度 $\Delta\varepsilon/\Delta t=\sigma/\eta_3$，也可以根据回复曲线的 ε_3 值，使用公式 $\eta_3=\sigma(t_2-t_1)/\varepsilon_3$ 计算。

蠕变现象与聚合物受到的温度和作用力有关：温度低，外力小，蠕变不明显；温度高，外力大，蠕变太快，不容易观察。一般情况下，当聚合物处在玻璃化转变温度以上但与玻璃化转变温度温差不大时，分子链内摩擦大，运动缓慢，蠕变现象最容易被观察到。

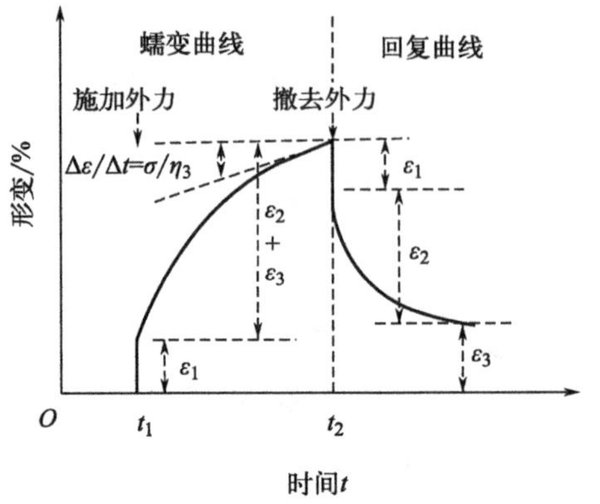

图 6-4 线型聚合物蠕变曲线回复曲线

图 6-5 显示了主链含芳杂环的聚合物有较好的抗蠕变性能，在长时间拉伸时，形变不明显。其他聚合物在长时间载荷作用下有明显的应变增大现象。这些材料在使用时要注意受力情况和使用温度环境，必要时通过支撑保护措施抑制材料的蠕变行为。

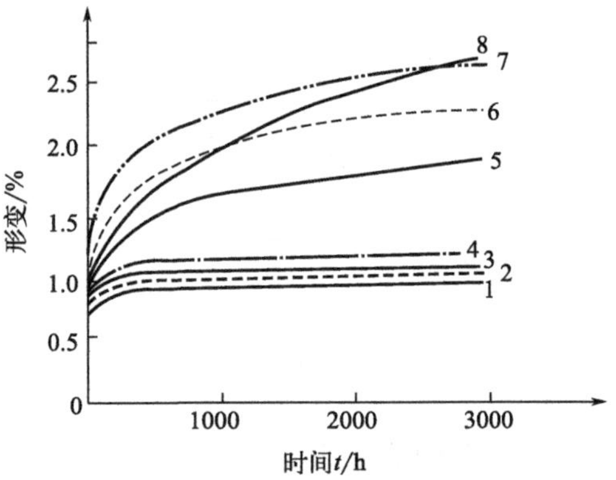

图 6-5 不同聚合物在 23℃时的蠕变性能曲线

1—聚砜；2—聚苯醚；3—聚碳酸酯；4—改性聚苯醚；5—耐热级 ABS；6—聚甲醛；7—尼龙；8—普通 ABS

三、实验步骤

1. 试样准备

聚合物样条。

2. 样品制备

裁剪成 70mm（长）×4mm（宽）×2mm（厚）的样块。

3. 仪器设备

万能试验机。

4. 参数设置

载荷 300N，测试时间大于 4000s，拉伸速度 50N/s，温度 20℃。

5. 测试步骤

打开电脑、拉力机主机，调出方法文件，输入样条尺寸数据，设定载荷为 300N，将样品夹持在夹具上；点击“开始测试”进行蠕变实验，载荷达到 300N 时开始记录时间，待测试时间达到设定时长后停止实验。

四、数据处理

根据数据（图 6-6）可以分析载荷达到设定值后材料的形变过程。在测试的 3500s 内，材料发生了明显的蠕变现象。

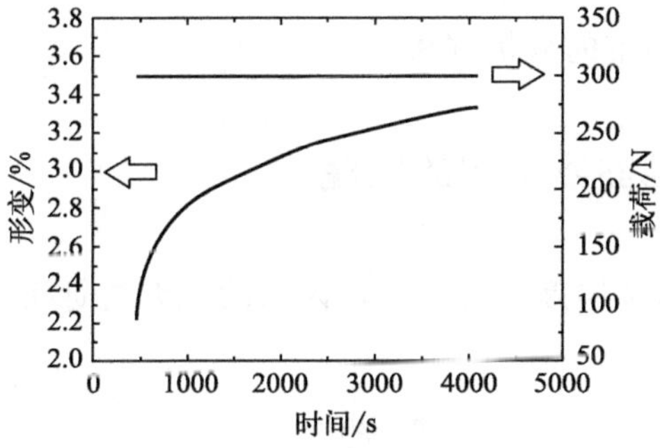

图 6-6　样品蠕变曲线

五、思考题

1. 描述自己在实验中对实验原理、实验操作过程的理解和对实验结果准确程度的判断，以及自己的体会和在该实验中的经验积累，总结今后开展该类型实验时应该注意哪些问题，如何改进和提高？

2. 蠕变现象反映了聚合物分子链运动的什么特点？

3. 为什么蠕变现象与温度有关？在材料使用过程中应该注意什么问题？

4. 哪些材料的使用是利用蠕变原理？

六、参考文献

[1] 何曼君．高分子物理［M］．上海：复旦大学出版社，2001.

[2] 秦建彬，史学涛，赵永生，等．高分子物理实验［M］．西安：西北工业大学出版社，2021.

实验 7

聚合物应力松弛曲线的测定

一、实验目的

1. 掌握应力松弛曲线测定的原理。
2. 掌握应力松弛曲线测定的分析方法。

二、聚合物应力松弛曲线测定的原理

应力松弛是聚合物在恒定温度和形变下，内部的应力随时间增加而衰减的现象。应力和时间成指数关系，满足：

$$\sigma=\sigma_0 e^{-t/\tau} \tag{7-1}$$

式中，σ_0 是初始应力；τ 是松弛时间，$\tau=\eta/E$。

当 $t=\tau$，为应力松弛时间时，公式简化为 $\sigma=\sigma_0 e^{-1}=0.37\sigma_0$。当应力衰减到初始应力的 0.37 倍时，对应的时间为应力松弛时间，反映的是材料受力情况下自然衰减的快慢。

应力松弛和蠕变是聚合物内部分子链运动的两种表现形式。当聚合物分子链被应力拉长时，分子链处于不平衡的状态，分子链或者链段顺着外力方向运动以消除不平衡进而达到平衡状态。当温度远高于 T_g 时，分子链运动受到的内摩擦力小，应力很快松弛掉，观察不到明显的应力松弛现象。当温度低于 T_g 时，分子链运动受到的内摩擦力很大，很难运动，应力松弛时间很长，松弛现象也不明显。只有当材料处在高于 T_g 不多的温度下，才可以观察到比较明显的应力松弛现象。因此要控制聚合物材料在应力松弛时间较长的温度区间内使用。交联聚合物和线型聚合物以及 3 种力学状态下聚合物应力松弛曲线如图 7-1。

三、实验步骤

1. 试样准备

聚合物样条。

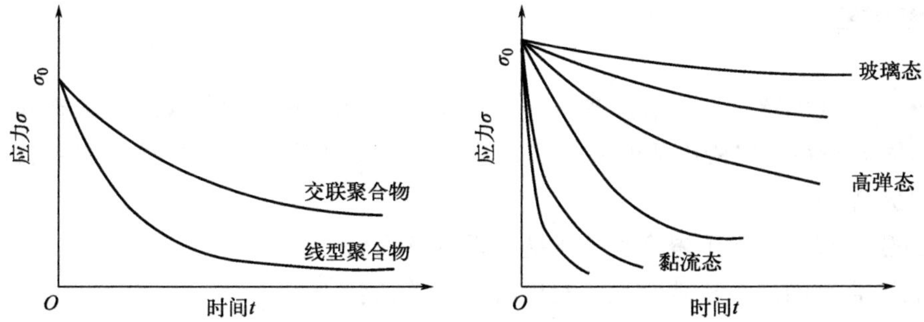

图 7-1　聚合物应力松弛曲线

2. 样品制备

裁剪成 70mm（长）×4mm（宽）×2mm（厚）的样块。

3. 仪器设备

万能试验机。

4. 参数设置

载荷 13N，测试时间大于 7000s，温度 20℃。

5. 测试步骤

打开电脑、拉力机主机，调出方法文件，输入样条尺寸，设定载荷；将样品夹持在夹具上，点击“开始测试”，进行松弛实验；待达到测试时间后停止实验。

四、数据处理

根据载荷和样品的横截面积计算出应力值，作出应力-时间曲线，即应力松弛曲线，并计算出对应的松弛时间。图 7-2 应力松弛曲线显示在测试的 7000s 内，样品发生了很明显的松弛现象。

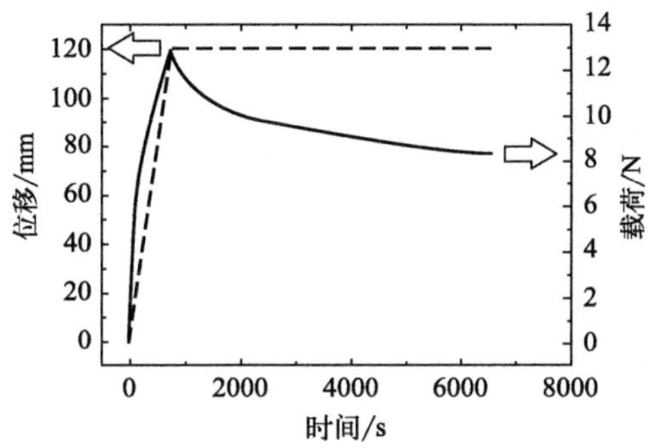

图 7-2　应力松弛曲线

五、思考题

1. 描述自己在实验中对实验原理、实验操作过程的理解和对实验结果准确程度的判断，以及自己的体会和在该实验中的经验积累，总结今后开展该类型实验时应该注意哪些问题，如何改进和提高？

2. 应力松弛现象反映了聚合物分子链运动的什么特点？

3. 交联聚合物的应力松弛与交联程度有什么关系？

六、参考文献

[1] 何曼君．高分子物理［M］．上海：复旦大学出版社，2001.

[2] 张春庆，李战胜，唐萍．高分子化学与物理实验［M］．大连：大连理工大学出版社，2014.

实验 8

平衡溶胀法测定交联聚合物的溶解度参数和交联度

一、实验目的

1. 了解溶胀法测定聚合物溶解度参数及交联度的基本原理。
2. 掌握质量法和体积法测量交联聚合物溶胀度的实验方法。
3. 测出交联聚合物溶解度参数的近似值、交联度和聚合物-溶剂间的相互作用参数。

二、溶解度参数和交联度测试原理

溶解度参数是与物质的内聚能有关的热力学参数，也是表征聚合物分子间相互作用力大小的物理量。由于聚合物分子量大，分子间作用力强，分子气化时分子链也被破坏，因此聚合物的溶解度参数不像低分子量化合物那样可以从汽化热中测出，而是通过平衡溶胀法等间接方法测出。

交联的聚合物不能被溶剂溶解，但能够吸收大量溶剂而溶胀。在溶胀过程中，溶剂分子渗透进聚合物内部使其膨胀，聚合物的三维分子链网开始伸展，分子链网受到应力产生弹性收缩，阻止溶剂进入网状链。当这两种作用力达到平衡，相互抵消时，体系达到了溶胀平衡态，即溶剂分子进入交联网的速度与被排出的速度相等。

平衡溶胀法实验是把称量后的交联聚合物放到一系列溶解度参数不同的溶剂中，让它在恒温条件下充分溶胀，当达到溶胀平衡后，测量其溶胀后的质量，根据式(8-1) 计算出交联聚合物在各种溶剂中的溶胀度 Q。

$$Q=(w_1/\rho_1+w_2/\rho_2)/(w_2/\rho_2) \tag{8-1}$$

式中，w_1 和 w_2 分别为溶胀体内溶剂和聚合物的质量；ρ_1 和 ρ_2 分别为溶剂和聚合物在溶胀前的密度。如果用 V_1、V_2 分别表示溶剂和聚合物的体积，公式可简化为：

$$Q=(V_1+V_2)/V_2 \tag{8-2}$$

能够让聚合物在某一温度下具有最大溶胀度的溶剂，其溶解度参数与聚合物溶解度最接近。若将聚合物在一系列不同溶剂中的平衡溶胀度 Q 对相应溶剂的溶解度参数 δ 作图（图 8-1)，出现的 Q 极大值，用 Q_{max} 表示，对应的溶解度参数值可视为聚合物的溶解度参数 δ_2。

根据高分子溶液的似晶格模型理论和交联橡胶储能函数公式，当材料达到溶胀平衡时，

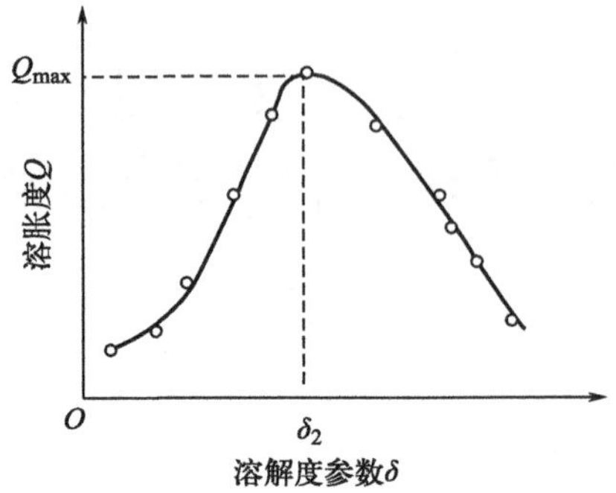

图 8-1 交联聚合物溶胀度 Q 与溶解度参数 δ 的关系

可以推出溶胀度 Q 与交联聚合物交联点间平均分子量 $\overline{M}_c$ 的关系：

$$\overline{M}_c=-\rho_2\tilde{V}_1\varphi_2^{1/3}/[\ln(1-\varphi_2)+\varphi_2+\chi_1\varphi_2^2] \tag{8-3}$$

式中，φ_2 是聚合物在溶胀体中的体积分数，即溶胀度的倒数（$\varphi_2=1/Q$）；ρ_2 是聚合物在溶胀前的密度；$\tilde{V}_1$是溶剂的摩尔体积；χ_1 是高分子与溶剂之间的相互作用参数。

当某一种溶剂的 χ_1 以及 ρ_2 和$\tilde{V}_1$（或 ρ_1）已知，可以测得 Q，再由式(8-3) 计算出$\overline{M}_c$，以及由式(8-3) 计算出其他溶剂与交联聚合物的相互作用参数 χ_1。

实验过程中，如果聚合物的良溶剂或者聚合物的交联度不高，溶胀度可以超过 10，因此式(8-3) 根据 $\ln(1-\varphi_2)$ 展开，略去高次项后，得到简化后的公式：

$$\overline{M}_c=\frac{\rho_2\tilde{V}_1Q^{5/3}}{1/2-\chi_1} \tag{8-4}$$

实验注意事项：由于聚合物达到溶胀平衡需要的时间很长，通常为几天，这期间需要保证恒温水浴箱正常工作，保持水分恒定；因为聚合物和溶剂的相互作用参数随温度的变化而变化，所以稳定的实验温度是非常重要的。

三、实验步骤

1. 试样

交联橡胶。

2. 药品

正庚烷，环己烷，四氯化碳，苯，正庚醇。

3. 仪器设备

分析天平，称量瓶，镊子，膨胀管（或比重瓶），恒温水浴槽。

4. 测试方法

体积法或质量法。

5. 体积法操作步骤

① 溶胀计内液体的选择。溶胀计如图 8-2 所示，粗且直的管为主管（左侧），直径约

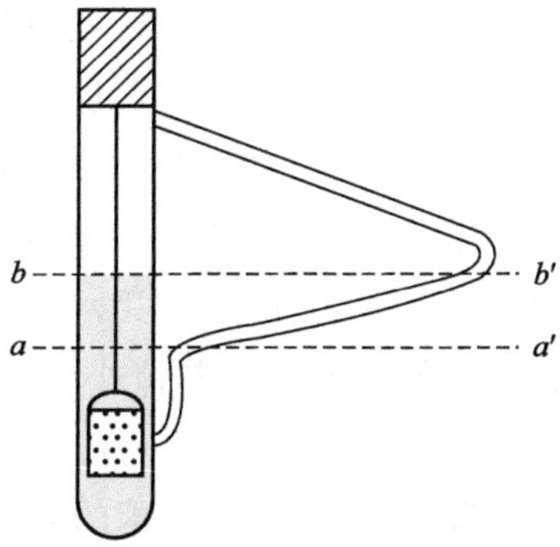

图 8-2　溶胀计

2.0cm；右侧的支管为毛细管，直径 2～3mm，支管与水平夹角约为 7°，支管上刻有标尺。测定时用的液体不能与待测样品发生物理作用或者化学反应，并且经济易得，无毒且挥发性小。本实验采用蒸馏水，为了更好地润湿橡胶表面，在水中滴入几滴酒精。

② 溶胀计体积换算因子测定。将已知体积为 V(mL) 的金属镍小球，依次放入主管内，此时主管液面从 a 升到 b，支管液面从 a' 升到 b'，读出 a' 和 b' 之间的长度 L(mm)，计算体积换算因子 $A=V/L$(mL/mm)。

③ 溶胀前橡胶试样体积测定。将 5 块待测的橡胶样品分别放入金属小篓中，然后放入溶胀计内，赶走金属小篓中的气泡；读取毛细管内液面移动的距离，乘以换算因子得到橡胶溶胀前的体积 V_1。将已测定体积的样品放入比样品体积大的试管中，方便溶胀后取出。向 5 个试管中分别倒入 15～20mL 的正庚烷、环己烷、四氯化碳、苯、正庚醇，用塞子将试管塞紧，放置在恒温水浴槽中，温度设定为 25℃，进行溶胀。

④ 溶胀后试样体积测定。将试样取出，用滤纸将表面溶剂吸干，放入溶胀计中，根据毛细管液面变化高度换算试样体积 V_2，计算体积差 $\Delta V=V_2-V_1$，为试样体积增量，即吸入的溶剂体积。每隔一段时间（如 12h）进行测量，直至体积差不再增加为止，此时橡胶达到溶胀平衡。可用式(8-2) 计算溶胀度。

6. 质量法操作步骤

① 溶剂密度的测定。用分析天平称量空比重瓶的质量 w_0，装入被测溶剂，放入恒温槽中，待温度恒定后取出，盖上瓶盖，用滤纸把从毛细管溢出的液体擦干净，并将瓶身沾的液体也擦干净；用分析天平称得加入液体后的质量 w_1，倒出瓶中液体，加蒸馏水清洗若干次至瓶中液体被除尽；在瓶中加入蒸馏水，同样方法测定加水后的质量 $w_{水}$，则溶剂的密度 ρ_1 可由式(8-5) 计算。

$$\rho_1=\rho_{水}(w_1-w_0)/(w_{水}-w_0) \tag{8-5}$$

② 固体密度的测定。测量固体密度时一般采用水作为参比，前提是水不与待测固体发生化学反应或者物理作用。首先称量空瓶质量为 w_0，瓶内装填固体，固体体积控制在瓶子体积的 1/5～1/3，称量质量为 w_2；再将瓶子用蒸馏水填满后称量质量为 w_2'；将固体和水倒出，洗净比重瓶后装满蒸馏水，称得质量为 $w_{水}$。被测固体的密度可由式(8-6) 计算。

$$\rho_2=\rho_{水}(w_2-w_0)/(w_{水}+w_2-w_0-w_2') \tag{8-6}$$

③ 质量的测定。测定完密度后，将待测样品的质量用分析天平测得。将橡胶分别放入5支溶胀计中，分别加入15～20mL的正庚烷、环己烷、四氯化碳、苯和正庚醇，以上药品作为溶剂；用塞子将试管塞紧，放置在恒温水浴槽中，温度设定为25℃进行溶胀。

④ 溶胀平衡的测定。每隔12h测定样品的体积变化，待体积不再变化时认为达到溶胀平衡，取出样品，用滤纸擦拭干净样品表面的溶剂。用分析天平称量达到平衡溶胀时样品的质量。计算吸入溶剂的质量，采用式(8-1)计算溶胀度。

7. 注意，当溶胀样品的前后两次质量称量的差值小于0.01g时，才能认为达到溶胀平衡终点。

8. 本实验已知天然橡胶-苯体系温度为25℃时，苯的摩尔体积为89.4cm^3/mol，两者间相互作用参数χ_1为0.437，天然橡胶的密度为0.9734g/cm^3。

9. 查出不同溶剂的溶解度参数，作出Q-δ图，确定Q的极大值点对应的溶解度参数，即橡胶试样溶解度参数的近似值。

10. 计算出橡胶的$\overline{M}_c$，根据式(8-3)计算橡胶与其他几种溶剂的相互作用参数。

四、思考题

1. 描述自己在实验中对实验原理、实验操作过程的理解和对实验结果准确程度的判断，以及自己的体会和在该实验中的经验积累，总结今后开展该类型实验时应该注意哪些问题，如何改进和提高?

2. 分析溶胀法测量交联度的优点和局限性。

3. 不同溶剂对橡胶溶胀效果有什么不同?

4. 本实验中如何保障实验过程中对温度的控制，为什么恒温对该实验数据的准确性影响很大?

五、参考文献

[1] 秦建彬，史学涛，赵永生，等．高分子物理实验［M]．西安：西北工业大学出版社，2021.

[2] 杨海洋，朱平平，何平笙．高分子物理实验［M]．2版．合肥：中国科学技术大学出版社，2008.

[3] 张春庆，李战胜，唐萍．高分子化学与物理实验［M]．大连：大连理工大学出版社，2019.

[4] 闫红强，程捷，金玉顺．高分子物理实验［M]．北京：化学工业出版社，2012.

第2篇
高分子物理探索实验

实验 9

利用泊肃叶定律（Poiseuille's law）测量聚合物在毛细管壁的吸附厚度及分子量

一、实验目的

1. 掌握聚合物在毛细管壁上吸附的原理及意义。
2. 理解聚合物在毛细管壁上吸附层厚度对分子量测定的影响。
3. 掌握聚合物在毛细管壁上吸附层厚度的计算方法。
4. 深入理解黏度法测定聚合物分子量的基本原理，并掌握相关实验方法和操作技能。

二、聚合物在毛细管壁上吸附的原理

实验发现高分子溶液的增比黏度与浓度的比值（η_{sp}/c）对浓度（c）作图在极稀溶液浓度区间会发生明显的偏离。钱人元指出需要考虑聚合物在黏度计毛细管壁上吸附产生的浓度与毛细管直径的改变。杨海洋通过改进实验方法解决了该问题，杨海洋认为：可以先测出不同浓度下聚合物溶液的流出时间后，用纯溶剂清洗黏度计 3～5 次，再测定纯溶剂的流出时间 t_0'，以这个流出时间进行计算，可以消除聚合物在毛细管壁上的吸附对溶液黏性行为的影响。

杨海洋通过测定聚甲基丙烯酸甲酯（PMMA）在苯、甲苯、四氢呋喃和氯仿四种试剂中的黏度证实了上述测试方法的有效性。实验中，先测定纯溶剂流出时间 t_0，随后测定溶液流出时间 t，最后将黏度计用纯溶剂清洗 3～5 次后再测定纯溶剂流出时间 t_0'。作者认为既然聚合物吸附在了毛细管壁上，那么第一次测定纯溶剂流出时间时毛细管的状态和测定高分子溶液流出时间时毛细管的状态是不一样的，相当于测定高分子溶液流出时间时毛细管变细了。相反，在测完高分子溶液流出时间后用纯溶剂清洗黏度计 3～5 次，除了被吸附的高分子以外，剩余的高分子溶液应该已经被清洗干净，测定纯溶剂流出时间 t_0'时毛细管的状态和测定高分子溶液流出时间时的状态是一致的。实验中第二次测定得到的纯溶剂流出时间 t_0'比第一次测定得到的纯溶剂流出时间 t_0 长，说明了以上观点。

图 9-1 表明，如果用第二次测定得到的纯溶剂流出时间 t_0'来处理，得到的点都落在一条直线上，因此在极稀溶液中 Huggins 方程也是正确的。此外，从图 9-1 还可看出，随着浓度增大，用 t_0 和 t_0'处理数据所得到的 η_{sp}/c 值之间的差别越来越小。如果毛细管直径变大，所测聚合物分子量变小，因吸附作用导致第一次测定和第二次测定得到的纯溶剂流出时间的

改变量（$t_0'-t_0$）将会进一步减小，因此用 t_0 和 t_0' 处理数据所得结果之间的差别将进一步减小。在用黏度法表征聚合物分子量时，为了提高实验的精确度，被测高分子的浓度范围一般选定为 $2\times10^{-3}\sim1\times10^{-2}$g/mL（分子量高的可少些，分子量低的可多些），相对浓度值在 1.05～2.5 之间，此时用 t_0 和 t_0'处理数据导致结果之间的差别可忽略不计。

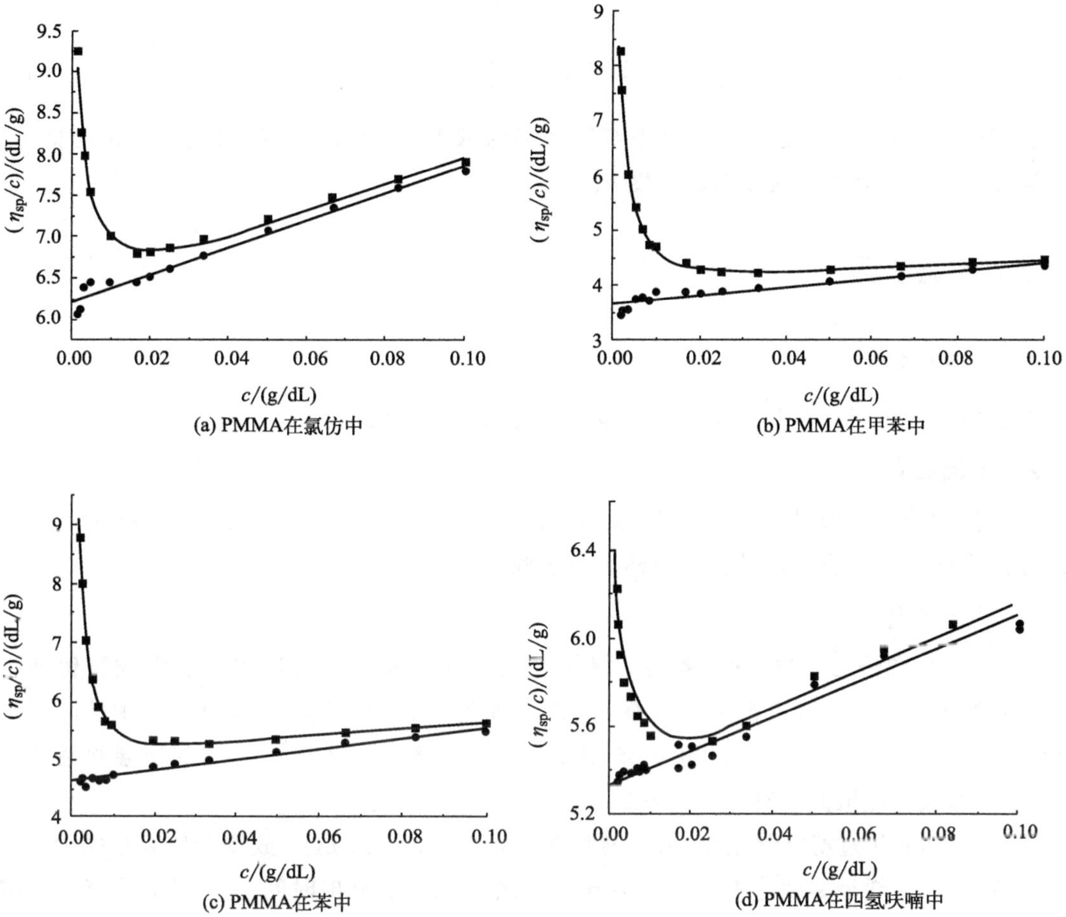

图 9-1　PMMA 在不同溶剂中比浓黏度对浓度的图解

■表示用 t/t_0 处理数据；●表示用 t/t_0'处理数据

在研究高分子溶液的黏性行为（包括表征分子量）时，可以将测定纯溶剂流出时间改成在测完高分子溶液的流出时间后再测定，这样做不仅可以消除高分子在毛细管上吸附对实验结果的影响，而且更加省时省力，简单易行。

三、聚合物在毛细管壁上吸附的计算

根据 Poiseuille 方程，纯溶剂的黏度 η_0 可以表示为：

$$\eta_0=\frac{\pi\rho_0 ghR^4t_0}{8VL}\tag{9-1}$$

式中，R 为黏度计毛细管半径；L 为毛细管长度；V 为测定时间内流过毛细管液体体积；ρ_0 为纯溶剂的密度；h 为等效平均液柱高度；t_0 为纯溶剂的流出时间。

当高分子吸附在毛细管内壁上时毛细管的有效半径将减小，假定高分子吸附层厚度为 b，则在纯溶剂的黏度为 η_0 时，测定的纯溶剂流经时间为 t'_0：

$$\eta_0 = \frac{\pi\rho_0 gh(R-b)^4 t'_0}{8VL} \tag{9-2}$$

式(9-1) 与式(9-2) 联立得到：

$$\frac{t_0}{t'_0} = \left(1-\frac{b}{R}\right)^4 \tag{9-3}$$

由式(9-3) 可知，当已知黏度计毛细管半径为 R 时，通过测定纯溶剂的流出时间 t_0 和 t'_0，就可以计算高分子溶质吸附层厚度 b。

四、实验步骤

1. 试样准备

聚乙烯醇（PVA，醇解度大于 99%），氯化钠（分析纯）。

2. 仪器准备

乌氏黏度计，恒温装置（玻璃钢水槽、加热棒、控温仪、搅拌器），秒表（分度值为 0.01s），洗耳球，夹子，容量瓶，烧杯，砂芯漏斗（2 号）。

3. 测试步骤

① 称取 0.024～0.026g 聚乙烯醇，放入锥形瓶中，加入 10mL 重蒸馏水或氯化钠水溶液溶解；溶解后用 2 号砂芯漏斗过滤至 25mL 容量瓶中；用少量溶剂将锥形瓶中的溶质洗入容量瓶中，洗 3 次，但总量不得超过 25mL；把容量瓶放到（25±0.1)℃的恒温水浴槽中水浴 5min，加入已经恒温的溶剂，定容在 25mL。

② 用砂芯漏斗过滤溶剂至 100mL 容量瓶中，需过滤 100mL，放置于恒温水槽中恒温。

③ 吸取纯溶剂至黏度计中，恒温 10min 后测定纯溶剂流出时间 t_0，测试结束后将溶剂倒出并烘干黏度计。

④ 将洗净、烘干的黏度计固定在恒温（25.0±0.1)℃的水槽中，保持垂直，并尽量使 E 球全部浸泡在水中，最好使 a、b 两刻度线［如图（1-1)］均没入水面以下。安装时除注意垂直外，还应注意固定是否牢固，在测量的过程中不至于引起数据的误差。吸取已经定容且恒温在（25.0±0.1)℃的溶液 10mL，将溶液抽至 E 球，待溶液充分润湿毛细管后测定溶液流经毛细管的时间 t。

⑤ 每组数据测量 3 次，再稀释溶液。每次添加不同体积的溶剂，得到不同浓度时高分子溶液的流经时间。

⑥ 将黏度计中的溶液倒尽，用纯溶剂清洗黏度计 3～5 次后再测定纯溶剂在黏度计中的流出时间 t'_0。当 t'_0 值不再随着清洗次数增加而改变时，认为聚合物在毛细管壁上稳定吸附，清洗完成。

⑦ 记录并观察流出时间的差异，是否存在 t'_0 值比 t_0 大的情况。如果有，请思考为什么？

五、实验数据分析

根据表 9-1，随着 NaCl 浓度的增大，高分子溶液特性黏数逐渐变小。这说明 NaCl 的加入使溶剂变劣，溶液中高分子链段间相互吸引作用逐渐增大，使得溶液中高分子线团收缩，导致高分子溶液的特性黏数逐渐变小。同时，溶剂变劣将会使高分子链段与毛细管管壁之间相互吸引作用逐渐增强，有利于高分子吸附在毛细管内壁上。因此，随着 NaCl 的加入，高分子吸附层的厚度逐渐增加。

表 9-1　25℃下 PVA 分子链在不同浓度 NaCl 水溶液中吸附层厚度和特性黏数值

c_{NaCl}/(mol/L)	[η]/(mPa·s)	t_0/s	t_0'/s	b/nm
0	1.00	252.86	253.28	78.82
0.4	0.98	257.63	258.35	132.52
0.6	0.95	259.40	260.58	215.46
0.8	0.94	262.70	264.38	302.56

六、思考题

1. 请仔细阅读参考文献 [3]，分别以 t/t_0 和 t/t_0' 计算相对黏度 η_r，绘制 η_r-c 关系图，根据斜率验证本次实验是否存在偏差或误差。

2. 阅读参考文献 [4]，使用本次实验数据分析，高分子溶液流出时间对浓度作图的外推值 t_0^* 是否对本次实验有影响？

七、参考文献

[1] 钱人元．高聚物的分子量测定 [M]. 北京：科学出版社，1958.

[2] 杨海洋，朱平平，任峰，等．黏度法研究高分子溶液行为的实验改进 [J]. 化学通报，1999 (5)：47-49.

[3] 李浩，杨海洋，朱平平，等．利用 Poiseuille 方程确定聚乙烯醇在粘度计毛细管管壁上吸附层的厚度 [J]. 功能高分子学报，2002，15 (3)：319-324.

[4] 杨海洋，王妙锋，朱平平，等．聚氧化乙烯水溶液粘度的测定 [J]. 化学通报，2003 (6)：418-422.

实验 10

聚电解质特性黏数影响因素的探索实验

一、实验目的

1. 理解聚电解质溶液中分子间相互作用对分子量测试的影响原因。
2. 探索溶液离子强度对聚电解质特性黏数的影响。
3. 理解聚电解质溶液浓度的配制依据并掌握配制方法。

二、聚电解质中分子间相互作用

明胶是一种生物大分子，是胶原部分水解后的产物，分子链是由三条多肽链相互缠绕所形成的螺旋体。其物理化学性质与胶原的来源和制备工艺有着密切的关系。

北京大学羌笛的系列研究表明：明胶的分子量与特性黏数之间，沉淀系数与分子量之间，一般都服从高分子的 $[\eta]=K\overline{M}_{\eta}^{\alpha}$ 公式。这说明，明胶具有一般高分子的特点。但不同明胶在公式中的常数项 K、α 不同，反映了明胶这种生物大分子在结构上的复杂性，这导致不能用一种明胶的 $[\eta]=K\overline{M}_{\eta}^{\alpha}$ 公式来代替其他明胶分子量与特性黏度之间的关系。

表 10-1 和表 10-2 为国内及早期国外学者对不同来源明胶的 K、α 测试结果。

表 10-1 国内不同来源明胶的 K、α 值

日本惰胶	$[\eta]=9.0\times10^{-4}\overline{M}_{\eta}^{0.49}$
德国去离子惰胶	$[\eta]=3.9\times10^{-4}\overline{M}_{\eta}^{0.60}$
7901 纯胶	$[\eta]=1.8\times10^{-3}\overline{M}_{\eta}^{0.46}$
碱法骨胶	$[\eta]=3.7\times10^{-4}\overline{M}_{\eta}^{0.40}$

表 10-2 国外不同来源明胶的 K、α 值

参考文献 [1]	$[\eta]=2.97\times10^{-3}\overline{M}_{\eta}^{0.45}$
参考文献 [2]	$[\eta]=2.9\times10^{-4}\overline{M}_{\eta}^{0.62}$
参考文献 [2]	$[\eta]_{小牛皮}=1.66\times10^{-5}\overline{M}_{\eta}^{0.885}$
参考文献 [3]	$[\eta]_{猪皮}=1.10\times10^{-4}\overline{M}_{\eta}^{0.74}$

由于明胶分子结构中存在带电基团，随着溶液浓度的改变，带电基团解离，静电排斥作用增强，分子链伸展，溶液的比浓黏度出现上升现象。通过加入足量的中性电解质，如氯化钠、氯化钾等，既可以屏蔽明胶大分子上的电荷，又可以分散缔合的明胶分子，从而消除明胶大分子间的相互作用，使比浓黏度与浓度关系服从一般高分子溶液的经验公式：$\frac{\eta_{sp}}{c}=[\eta]+K'[\eta]^2c$。

因此测量明胶的特性黏数首先要选取合适的溶液离子强度，通过一系列比浓黏度和浓度的关系曲线（图 10-1），找出线性变化时对应的溶液离子浓度。再根据选定的溶液离子浓度，配制一系列不同相对黏度的明胶溶液，选择相对黏度与浓度呈线性关系的区间（图 10-2）。实际上，根据已有报道控制相对黏度在 1.05～2.5 之间比较合适。

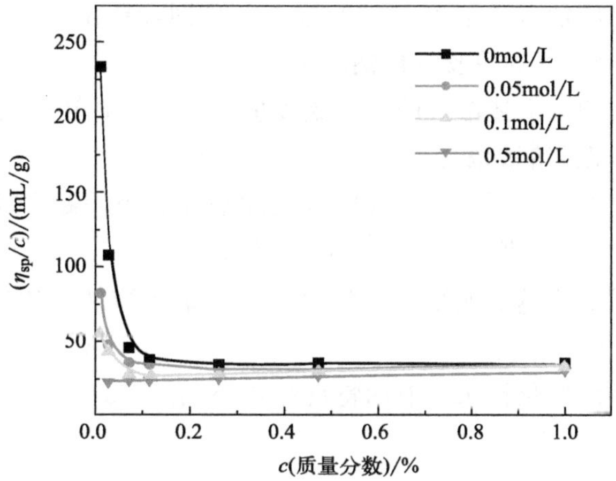

图 10-1　明胶在不同浓度氯化钠水溶液中的比浓黏度-浓度关系曲线（测试温度为 40℃）

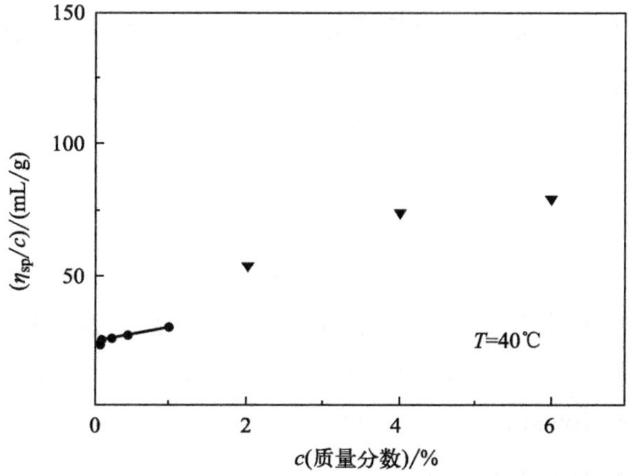

图 10-2　明胶氯化钠水溶液的比浓黏度-浓度曲线（c_{NaCl} = 0.5mol/L）

三、实验步骤

1. 试样准备

明胶，氯化钠（分析纯），蒸馏水。

2. 仪器准备

乌氏黏度计，恒温装置（玻璃钢水槽、加热棒、控温仪、搅拌器），秒表（分度值 0.01s），洗耳球，夹子，容量瓶，烧杯，砂芯漏斗（2 号）。

3. 测试步骤

① 配制 0mol/L、0.05mol/L、0.1mol/L、0.5mol/L 的氯化钠水溶液。

② 称取明胶，将明胶加入上述氯化钠溶液中，分别配制出明胶质量分数约在 0.01%、0.06%、0.3%、0.5%和 1%的明胶氯化钠水溶液。

③ 利用乌氏黏度计测试上述溶液的比浓黏度值，并作出比浓黏度-浓度图，根据数据的线性区间判定合适的氯化钠溶液浓度。

④ 遵循先测高浓度溶液，再测定低浓度溶液的顺序。当向黏度计 F 球加入溶剂稀释液后，用 F 球中的溶液润洗毛细管 3～5 次，再进行测试。

⑤ 用步骤③中合适氯化钠溶液浓度下的明胶氯化钠水溶液的比浓黏度数据推导明胶的特性黏数。

⑥ 改变温度测试明胶氯化钠水溶液的特性黏数变化。

四、思考题

1. 思考配制不同明胶浓度的明胶氯化钠水溶液是否可以直接稀释，为什么？

2. 如果不能直接稀释，请思考出一种便捷且严谨的配制方法。

3. 如果考虑到毛细管壁上的吸附情况，本实验在测完明胶氯化钠水溶液的流出时间后，应该用什么溶液清洗毛细管？

4. 如何测得聚丙烯酸类聚合物的分子量？

五、参考文献

[1] 羌笛，郭启发．照相明胶的分子量测定与分布［J］．感光材料，1981（04）：1-6.

[2] Pouradier J，Venet A M. Contribution á l’étude de la structure des gélatines Ⅱ. Variation des propriétés physiques et mécaniques avec la masse moléculaire [J]. Journal de Chimie Physique，1950，47：391-398.

[3] Pouradier J，A. M. Venet. Contribution á l’étude de la structure des gélatines Ⅳ. Comparaison de gélatines d’origines diverses [J]. Journal de Chimie Physique，1952，49：85-92.

[4] 羌笛．明胶化学基础讲座——三、明胶溶液的黏度［J］．明胶科学与技术，1983（02）：69，96-100.

[5] 乔从德，何福岩，杨志洲，等．粘度法测聚合物分子量的实验教学改革［J］．高分子通报，2021（9）：74-78.

实验 11

闪速差示扫描量热仪测量材料结晶动力学

一、实验目的

1. 掌握闪速差示扫描量热仪的基本构造和测试原理。

2. 掌握样品的制样和测试方法。

3. 掌握闪速差示扫描量热仪与差示扫描量热仪在测试样品热性能参数上的区别，能够根据测试需求选取合适的测试方法。

二、闪速差示扫描量热仪基本构造和测试原理

闪速差示扫描量热仪（flash differential scanning calorimetry，FDSC）是利用超快速升降温来测量材料的结晶动力学行为，如高分子总的结晶动力学、结晶成核动力学、高分子热焓松弛对结晶成核的影响等。商业化的闪速差示扫描量热仪的升降温速率根据芯片不同，有两种不同的升降温速率区间，高温芯片（UFH1）的测试温度范围为－95～1000℃，对应的最快升温速率为 50000K/s，最快降温速率为 40000K/s；标准芯片（UFS1）的测试温度范围为－95～420℃，对应的最快升温速率为 40000K/s，最快降温速率为 4000K/s。

该技术弥补了常规 DSC 降温速率慢，无法抑制降温过程中材料发生结晶的缺陷。对于结晶过冷度在较高温度区间范围内的材料，闪速 DSC 提供了快速降温并精确控温的技术，突破了这类材料结晶动力学的研究局限。

梅特勒托利多公司的闪速 DSC 仪器由控制面板、测量单元、绝热盖、显微镜、显微镜支架、机身、外制冷设备组成，如图 11-1 所示。控制面板控制仪器开始、停止、待机等功能，同时显示当前测试或待机的温度参数。测量单元是测量材料在程序升降温过程中热焓的变化。绝热盖保障测试过程中测量单元温度与外部隔绝。显微镜是用来观察样品在制备过程以及放置后的形状和位置的。连接外部制冷设备后，仪器可以降至不同的低温值（－35℃或－95℃）。

如图 11-2 所示，测量单元内部装有芯片，芯片正面有 2 个槽，上部为测试样品放置区，

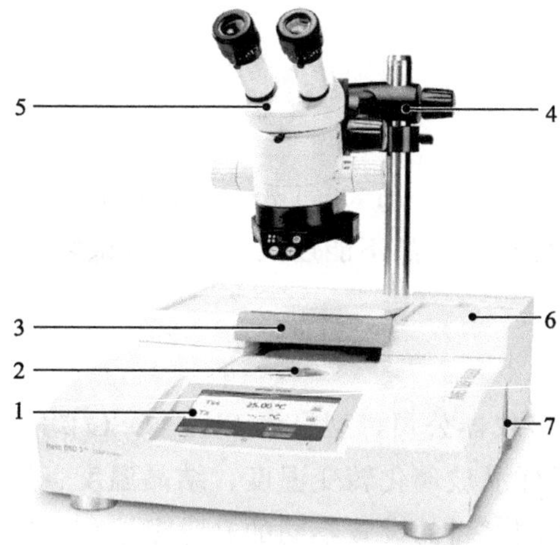

图 11-1　闪速 DSC 结构❶

1—控制面板；2—测量单元；3—绝热盖；4—显微镜；5—显微镜支架；6—机身；7—外制冷设备

下部为参比区，一般不放置样品；芯片背面为 14 对传感器触点，与测量单元传感器接触。芯片正面放置样品的部分是一层厚度仅为 2.1μm 且非常脆的薄层，该薄层涂覆了氮化硅及二氧化硅，并涂有铝制涂层。该薄层具有良好的热均匀性，使得导热的时间系数只与样品有关。

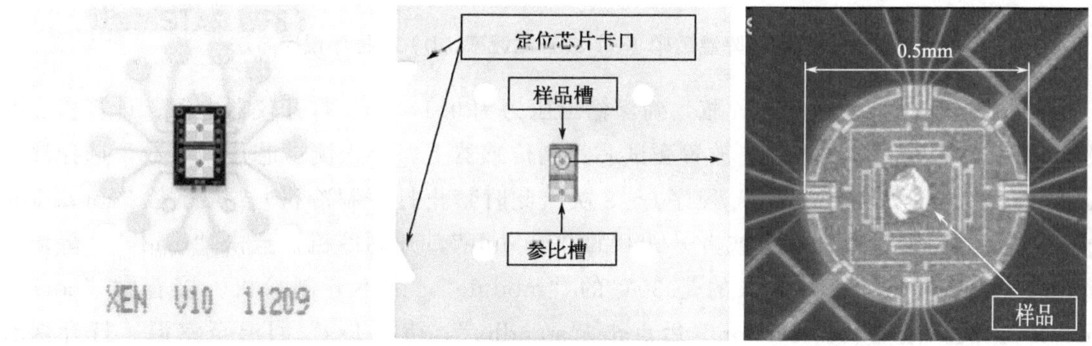

(a) UFS1芯片正面　(b) UFS1芯片背面　(c) UFS1芯片样品槽

图 11-2　UFS1 芯片及其样品槽

三、闪速差示扫描量热仪使用注意事项

1. 放置样品的铝制薄层很脆，只能用动物真毛笔接触，或者用动物真毛尖摆放、粘取、放置样品。

2. 测试温度范围不得超出芯片的测量范围。

3. 使用环境注意通风。严格按照仪器使用要求定期校准。严格按照仪器规程进行操作。

---

❶ 该实验所涉及的闪速 DSC 设备的相关资料由梅特勒托利多仪器公司提供。

四、实验步骤

1. 试样准备

在显微镜下将样品切成小于 0.1mm×0.1mm×0.1mm 的形状。如图 11-2 中（c）图所示。样品厚度尽量薄，利于传热。样品不能过大，否则测试之后样品熔融流到边缘处导致测试数据不准确。

2. 参数设置要求

仪器厂家为梅特勒托利多仪器公司，型号为 Flash DSC 2＋。

① 测试温度范围。根据样品玻璃化转变温度、结晶温度、熔点等设定升温范围。

② 温度程序设定。根据测试目的设置不同的升降温速率、等温时间，如图 11-3 所示。

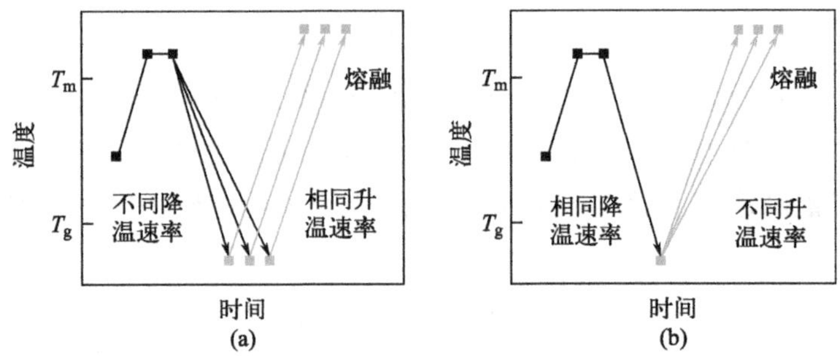

图 11-3　不同降温速率（a）或升温速率（b）的程序设定方法

③ 测试步骤。打开高纯氮气瓶，确保输出压力为 0.1MPa。打开仪器电源、计算机、制冷机。打开软件进入测试界面。放置测试芯片到传感器上，导入测试芯片的参数，选择测试“module”。执行“conditioning”程序 6～8 次（此时禁止打开制冷机）。执行完“conditioning”后，如果选取的是－90℃或者－50℃的“module”，开制冷机，点击“ready”，降温至“module”的最低温；如果选取的是 30℃的“module”，则不开制冷机。接着做“correction”1～2 次，做完“correction”后点击“standby”，待“Tss”回温至室温。打开保温盖，放样，点“ready”。编辑程序，待“Tss”至最低温，发送实验。实验完成后先使芯片温度回到 25℃，关闭制冷机，通氮气 6h 后，关闭软件，闭主机，期间可以用软件处理数据。

④ 质量估算。由于 Flash DSC 所用样品质量太小，无法直接用分析天平称量，因此可以采用相同状态和相同热力学条件下的热容值来估算样品质量。在先消除样品热历史的情况下，根据常规 DSC 中测得精确称量的样品在选定温度区间内的比热容 c_p，或者从数据库中查得相关比热容数据。然后将 Flash DSC 中未知质量的样品在该温度区间内以典型的 Flash DSC 升温和降温速率（±1000K/s）测得的表观比热容取平均值为 $c_{p,a}$ 单位为 J/K，则样品质量可由公式 $m=\frac{c_{p,a}}{c_p}\times10^9$ 计算出来，该公式计算出的质量单位为 ng。以比热容方法估算样品质量误差取决于常规 DSC 或数据库里的数据精度。

五、测试谱图及数据分析

图 11-4 显示了一种熔融态等规聚丙烯 *i*PP（V30G）在不同降温速率下的 DSC 谱图。当降温速率超过 500K/s 时，降温曲线的放热峰消失，说明 500K/s 是抑制 V30G 熔体结晶的临界降温速率。

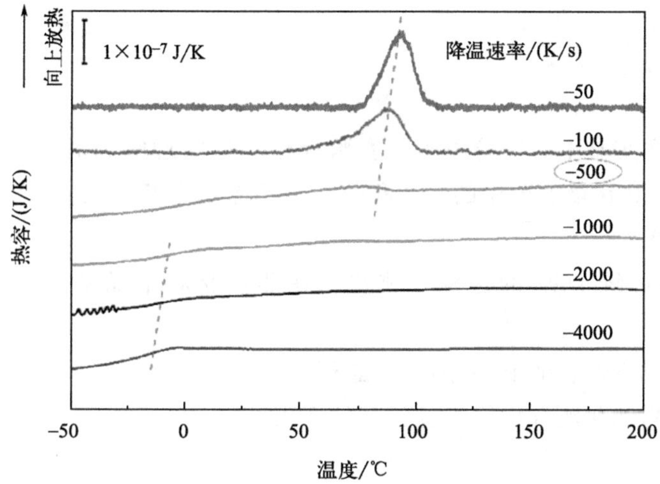

图 11-4　*i*PP 在不同降温速率下的 DSC 降温谱图

图 11-5 显示了 *i*PP（V30G）熔体以超过临界降温速率淬冷后，在不同升温速率下的升温过程。冷结晶发生在低速升温过程中，随后的熔融峰面积和冷结晶峰面积近乎相等。升温曲线上的冷结晶峰和熔融峰随着升温速率的增加而向高温区移动，然后在 30000K/s 的升温速率下消失，说明在该升温速率下可以抑制 *i*PP 冷结晶的发生。

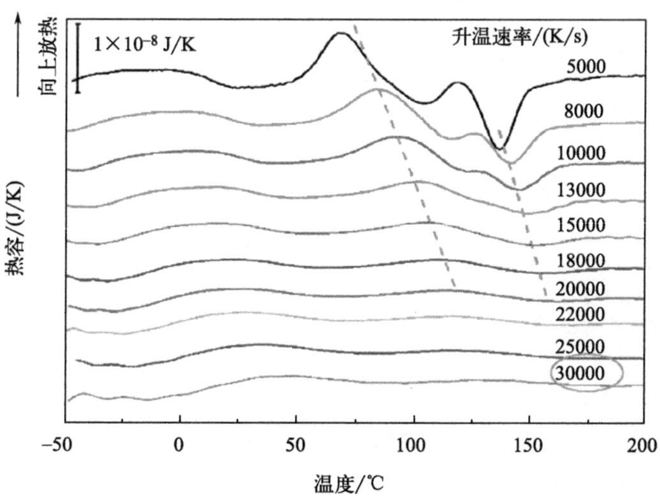

图 11-5　*i*PP 在不同升温速率下的 DSC 升温曲线图

六、实验报告撰写要求

1. 撰写实验目的、测试原理、实验仪器构造。
2. 撰写制样过程、仪器参数设置、基本操作步骤。
3. 撰写实验测试方法和目的。
4. 分析实验结果并回答思考题。

七、思考题

1. 请描述自己在实验中对实验原理、实验操作过程的理解和对实验结果准确程度的判断，以及自己的体会和在该实验中的经验积累，总结今后在开展该类型实验时应该注意哪些问题，如何改进和提高？

2. 闪速 DSC 与传统 DSC 的区别在哪里？在测量材料结晶动力学上有什么优势以及弊端？

3. 设计一组测试条件表征 PET 的冷结晶行为。

4. 快速升降温测试在聚合物加工过程有什么用处？

八、参考文献

[1] 李照磊，周东山，胡文兵．高分子结晶和熔融行为的 Flash DSC 研究进展 [J]．高分子学报，2016 (09)：1179-1197.

[2] 何裕成，谢科锋，王优浩，等．超快扫描量热技术表征高分子结晶动力学 [J]．物理化学学报，2020，36 (6)：29-40.

实验 12

材料结构破坏与重建的探索实验

一、实验目的

1. 探索材料结构破坏与重建可能的原因。
2. 基于该探索实验能够理解锥板流变仪测量聚合物熔体流变性能的原理。
3. 根据剪切速率、黏度、储能模量和损耗模量等测试结果推测出聚合物存在的结构变化。

二、聚合物流变学概念

高聚物熔体和浓溶液属于非牛顿流体，其剪切应力与剪切速率呈现非线性关系，黏度具有剪切速率依赖性。当低剪切速率时，非牛顿流体表现为牛顿流体性质，由剪切应力 σ_s 对剪切速率 $\dot{\gamma}$ 所作曲线的初始斜率可得到牛顿黏度，即零剪切速率黏度（零切黏度），用 η_0 表示。对于 σ_s 对 $\dot{\gamma}$ 关系曲线上某一剪切速率下的黏度可以采用 2 种方式表示（图 12-1）。第一种是表观黏度 η_a，σ_s 和 $\dot{\gamma}$ 之比不是常数的非牛顿流体，采用牛顿黏度相类比，取比值定义为表观黏度。

$$\eta_a=\eta(\dot{\gamma})=\sigma_s(\dot{\gamma})/\dot{\gamma}$$

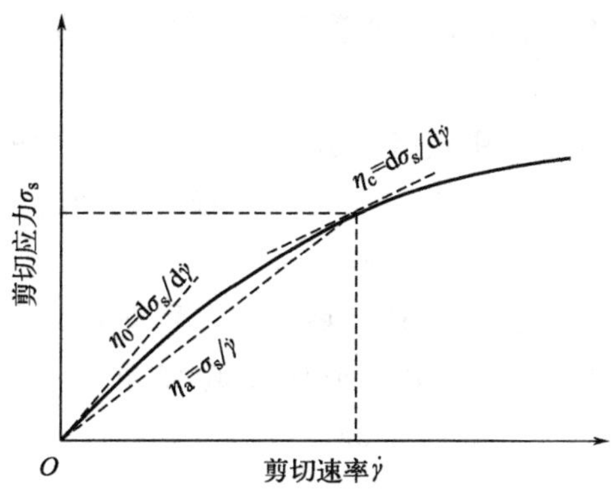

图 12-1　σ_s 对 $\dot{\gamma}$ 的关系曲线

由于牛顿黏度是对不可逆部分而言的，而高聚物的流动过程包含可逆的高弹形变和不可逆的黏性流动，总形变量大，因此高聚物的表观黏度值比牛顿黏度小。虽然表观黏度并不能完全反映高分子材料的不可逆形变的难易程度，但作为评判流动性好坏的相对指标还是实用的。表观黏度大则熔体流动性小，表观黏度小则熔体流动性大。

第二种是定义黏度 $\eta_c = d\sigma_s / d\dot{\gamma}$，即在给定剪切速率下，曲线上某点对应的切线斜率。

剪切应变以正弦函数变化的测试模式叫振荡测试，也叫动态测试，用来研究在交变外力或应变作用下材料的流变特性。施加的应力或形变表达为数学函数和方程时如图 12-2 所示。

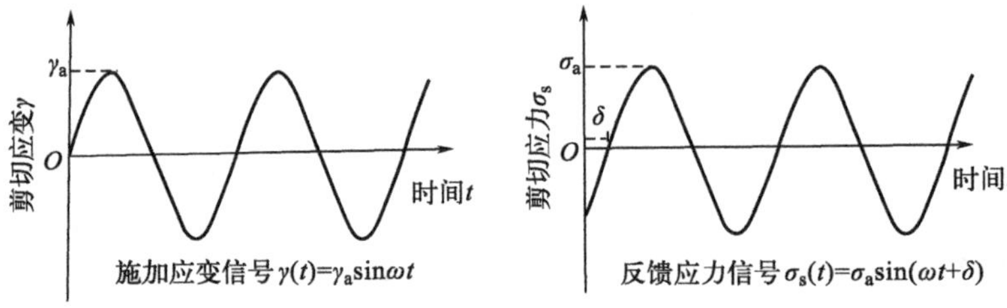

图 12-2 施加的应变信号和反馈的应力信号

剪切应力振幅和剪切应变振幅之比为复数模量 $G^* = \sigma_a / \gamma_a$，根据应变信号和应力信号与相位差 δ 的关系，经计算可得储能模量 G'、损耗模量 G''和介电损耗角正切 $\tan\delta$。

$$G' = G^* \cos\delta$$

$$G'' = G^* \sin\delta$$

$$\tan\delta = G''/G' \tag{12-1}$$

当 $\tan\delta < 1$，即 $G'' < G'$时，材料的弹性属性占主体，是凝胶体。

当 $\tan\delta > 1$，即 $G'' > G'$时，材料的黏性属性占主体，为流体。

当 $\tan\delta = 1$，即 $G'' = G'$时，材料处于溶胶-凝胶转变点。

三、锥板流变仪测定聚合物熔体流变性能的基本原理

流变仪❶依靠转子旋转对样品施加可控的剪切应力，进而测定样品的黏弹性、流动性等流变学参数。根据不同的测量头系统可分为同轴圆筒黏度计、平行平板流变仪、锥板流变仪。其中锥板流变仪是测量聚合物液体（水凝胶、涂料等）黏性或者聚合物熔体黏弹性的常用工具。

锥板流变仪的核心部件是由一块直径为 R 的平板和一个线性变化的同心锥体构成（图 12-3），平板以一定角速度 ω 转动，在距离轴心 r 处流体受到的剪切速率为：

$$\dot{\gamma} = dv/dh = r\omega / (r\tan\alpha)$$

由于角度 α 很小（在 1°～4°之间），因此剪切速率可简化为 $\dot{\gamma} = \omega/\alpha$，即锥板间剪切速率是近似相等的。剪切应力可以根据仪器测量到的转矩 M 求得：

$$\sigma_s = 3M/(2\pi r^3)$$

被测物质的黏度为：

$$\eta = \sigma_s / \dot{\gamma} = 3\alpha M / (2\pi\omega r^3)$$

---

❶ 该实验所涉及的流变仪资料由奥地利安东帕有限公司提供。

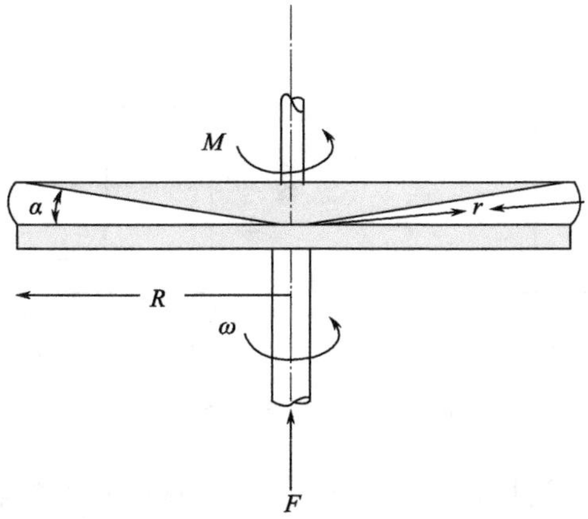

图 12-3　锥板流变仪原理图

在振荡模式下，平板转动一定角度 φ_a，距离轴心 r 处流体产生的剪切应变为：

$$\gamma(t)=\frac{\varphi_a \pi r \sin(\omega t)}{180h}$$

式中，φ_a 为转动角度，单位（°），$\varphi_a\pi/180$ 是转换为弧度的计算；ω 为角频率；h 为两板之间的间隙。

根据 t 时刻旋转轴反馈出的扭矩值 M 计算出应力：

$$\sigma_s(t)=\frac{3M\sin(\omega t+\delta)}{2\pi r^3}$$

再由复数模量公式 $G^*=\sigma_a/\gamma_a$ 推导出 t 时刻下的储能模量 G'、损耗模量 G''和介电损耗角正切 $\tan\delta$。

锥板流变仪的优势是样品用量少，容易装填和清理，剪切速率均一，数据处理方便，可以忽略末端效应，适合样品量小且转速低的实验条件。锥板流变仪的缺点是在高剪切速率下聚合物熔体由于惯性作用会被甩出板间，造成数据误差。

四、材料结构的破坏与重建

在医用生物材料领域，形状可塑且具有生物相容性的凝胶或黏合剂是应用广泛的材料。为了研究材料结构的破坏与重建，一般采用两种测量模式。一种是旋转测量模式，测试过程中采用 3 个剪切速率阶段：第一阶段为低剪切速率，模拟静止状态；第二阶段为高剪切速率，模拟材料流动过程或者受到剪切应力作用下的状态；第三阶段的剪切速率同第一阶段，模拟材料结构恢复过程中的状态。通过这 3 个阶段测量材料黏度随时间的变化以判断材料结构的破坏与重建（图 12-4）。另一种是振荡测量模式，也是采用 3 个剪切速率阶段，设置方式与旋转测量模式一样，只是加载在样品上的剪切应力变成了振荡剪切应变，测量材料储能模量和损耗模量随时间的变化以判断材料结构的破坏与重建。

旋转测量模式的评判方法有 3 种：①判断材料黏度是否能够恢复到第一阶段时的值，如图 12-4(b) 中曲线 1 所示，材料黏度能够恢复至原值，说明材料的结构完全恢复；②判断材料黏度恢复至第一阶段黏度的 25％和 50％时的时间点，时间越短说明结构恢复越快，如

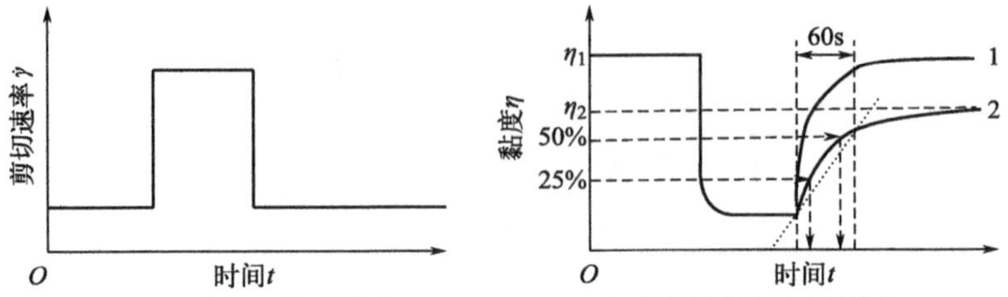

(a) 材料剪切速率随时间的变化　　(b) 材料黏度随时间的变化

图 12-4 旋转测量模式

图 12-4(b) 中曲线 2 所示；③材料在第三阶段中第 60s 时黏度的斜率，斜率越大说明结构恢复越快。

振荡测量模式的评判标准和旋转测量模式类似。另外，如图 12-5(b) 所示，振荡测量模式下第一阶段中 $G'>G''$，说明材料处于固态或者不流动的状态。当剪切应变振幅增加，材料的 $G'<G''$，说明材料处于流动状态。在第三阶段中，随着时间的增加，材料的 G' 和 G'' 均增加，当 $G'<G''$ 时，样品依然处于流动状态；当 $G'=G''$ 时，材料发生溶胶-凝胶转变；当 $G'>G''$ 时，材料处于不流动状态。只有当 G' 和 G'' 均恢复到第一阶段的值时，才说明材料结构充分恢复。

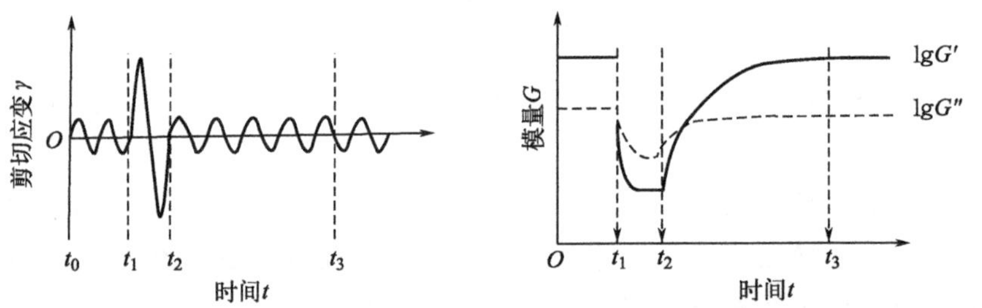

(a) 材料剪切应变随时间的变化　　(b) 材料模量随时间的变化

图 12-5 振荡测量模式

在实际应用中，通过测量 $G'=G''$ 时对应的时间来判断材料恢复时间的长短，进而判断材料是否满足使用条件。

五、实验步骤

1. 试样准备

聚合物凝胶材料。

2. 参数设置

仪器厂家为奥地利安东帕有限公司，型号为 MCR302。

① 温度。恒温模式下保持设定温度不变，变温模式下需设定升温速率和起止温度范围以保证测试时样品处在高弹态或者黏流态，否则造成扭矩过大，损坏设备。

② 剪切速率。通过线性改变剪切速率，测定材料黏度与剪切速率之间的关系。根据材料的性质，设定合适的剪切速率。黏度大的样品，剪切速率不宜过高，否则扭矩过大超出仪器测试范围。高灵敏度流变仪可以测定极低剪切速率下黏度的响应值，推测出样品的零剪切速率黏度。

③ 应变范围。测量材料黏度、剪切模量与应变的关系，及临界应变值和线性黏弹性测试时需设定的参数。

④ 时间。样品测试时长。

⑤ 应变频率和振幅。动态频率扫描需设定的参数。

3. 实验方案

① 稳态模式。通过线性改变剪切速率，测定材料黏度对剪切速率改变的响应情况。

② 动态模式。以恒定频率施加一个正弦形变，表征材料黏弹性随应变频率、应变振幅、测试温度以及测试时间变化的改变情况。用于表征材料频率依赖性、结构稳定性（结构的破坏和重建）、松弛时间等。

4. 测试步骤

打开电脑、主机、附属设备和软件，选择测量模式，根据测量模式设定对应剪切速率或剪切应变。安装锥板测量头，在锥板和平板之间放上样品。下降锥板接触样品，开始升温，待温度升到指定温度后，继续下降锥板使锥板完全接触熔体，并排出锥板与样品间的空气。打开炉腔将溢流出锥板与平板间的熔体刮除，关闭炉体。编辑程序并开始实验，待实验结束后，导出数据并分析。

六、谱图分析和数据处理

图 12-6 和图 12-7 是聚合物材料在振荡模式下模量的变化情况。在低剪切应变区域，材料的储能模量和损耗模量保持恒定，说明材料处于固态或凝胶态。当剪切应变振幅增加，如图 12-7 所示，增加至第一阶段的 400 倍，材料的储能模量和损耗模量均减小，说明材料结

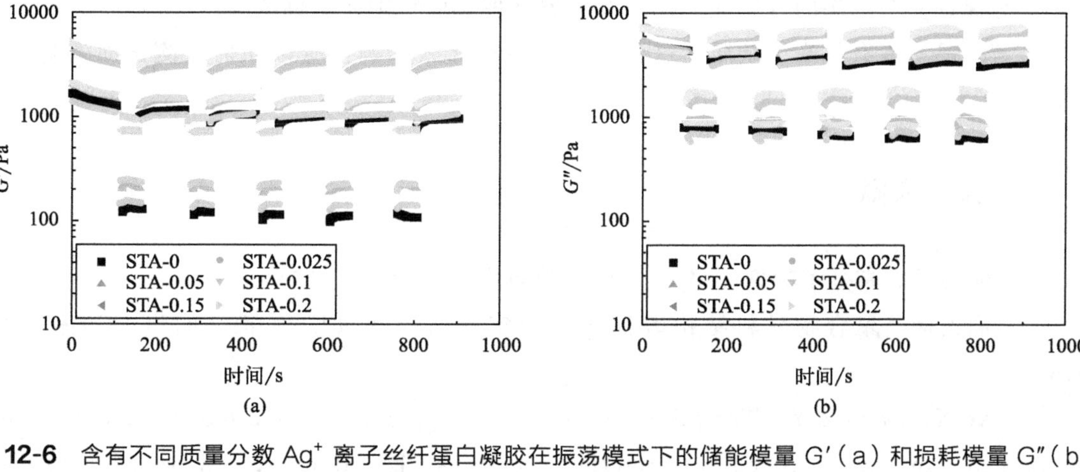

图 12-6　含有不同质量分数 Ag^+ 离子丝纤蛋白凝胶在振荡模式下的储能模量 G′（a）和损耗模量 G″（b）

构发生改变。当剪切应变振幅回复至第一阶段的值时，材料的储能模量和损耗模量开始迅速恢复，恢复时间和程度因样品差异而不同。两种材料在反复多次破坏后，储能模量和损耗模量依然能够恢复，这说明材料具有自愈合能力。

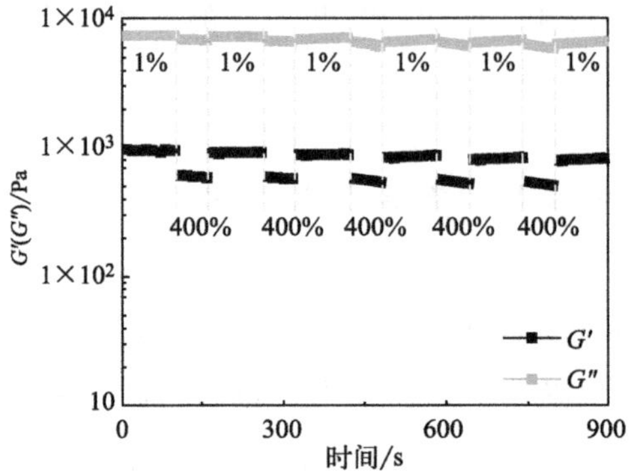

图 12-7 生物凝胶在振荡模式下的模量变化

七、实验报告

1. 撰写实验目的、测试原理、实验仪器构造。
2. 撰写制样过程、仪器参数设置、基本操作步骤。
3. 记录测试数据及数据处理。
4. 回答思考题。

八、思考题

1. 分析自己的材料实验结果说明什么情况？请思考实验还有哪些地方可以完善？并设计实验进行验证。

2. 为保证实验结果的可靠性，操作及数据处理中应特别注意哪些问题？

3. 若样品中混有气泡、杂质，这对测试结果有什么影响？应该如何在测试时避免混入空气？

九、参考文献

[1] 何曼君．高分子物理［M］．上海：复旦大学出版社，2001.

[2] 周天楠．聚合物材料结构表征与分析实验教程［M］．成都：四川大学出版社，2016.

[3] Ke X，Dong Z Y，Tang S X，et al. A natural polymer based bioadhesive with self-healing behavior and improved antibacterial properties［J］. Biomaterials Science，2020，8

(15)：4346-4357.

[4] Ke X，Tang S X，Dong Z Y，et al. An instant，repeatable and universal supramolecular adhesive based on natural small molecules for dry/wet environments [J]. Chemical Engineering Journal，2022，442 (P2)：136206.

实验 13

介电材料介电常数及储能密度的测试

一、实验目的

1. 理解介电常数的概念并掌握介电材料的介电常数测试方法。
2. 掌握介电材料储能密度的计算方法。

二、介电材料的介电常数及储能密度测试原理

介电常数是表征电介质储存电能能力大小的物理参数，是介电材料非常重要的性能指标。介电常数等于由某电介质组成的电容器在一定电压作用下得到的电容量与同样大小以真空为电介质的电容器的电容量之比，即：

$$\varepsilon_r = C/C_0$$

对一个平板电容器两端施加电压 U，极板上产生的电荷 Q 与电容 C 满足公式：

$$C = \frac{Q}{U} = \frac{\varepsilon_r \varepsilon_0 S}{4\pi k d}$$

式中，ε_r 为材料的相对介电常数；ε_0 为真空介电常数（8.85×10^{-12}F/m）；S 为平行板的面积；d 为平行板间的距离；k 为静电力常量。

当平板电容器的形状和外加电压不变时，介电常数越高的材料，能容纳的电荷越多，电容越大。

在交变电压下，材料的介电常数用复数介电常数表示：

$$\varepsilon^* = \varepsilon' - i\varepsilon''$$

式中，ε' 代表电偶极正负电荷中心移动或取向过程中的极化；ε'' 代表外加电场时，上述极化过程中偶极随电场移动或取向过程中抵抗阻力时滞后带来的能量损失。介电常数虚部和实部的比值 $\tan\delta$ 代表介电损耗：

$$\tan\delta = \frac{\varepsilon''}{\varepsilon'}$$

电容器的工作电压必须稳定维持在介电材料的击穿电压以下才能避免因介电材料破坏导致的电路或电力系统失效。厚度为 d 的材料，在外加电压作用下由绝缘变为导电时的临界电压被称为击穿电压 U，对应的电场强度被称为击穿强度 E_b：

$$E_b = \frac{U}{d} \tag{13-1}$$

介电材料的储能密度是指单位体积内材料容纳的电能，单位通常为 J/cm^3。根据介电常数在充放电过程中的变化情况，介电材料通常分为非线性介电材料和线性介电材料。

非线性介电材料，如钛酸钡陶瓷、聚偏二氟乙烯和奇数尼龙，拥有大偶极矩的非对称电荷中心，在电场下极化能力强，存在一定滞后现象，介电常数是动态变化的。材料放电，电场降为 0 时，存在剩余极化强度。充、放电时能量损耗大，储能密度 U_e 用如下公式计算：

$$U_e = \int_{D_{max}}^{0} E\mathrm{d}D$$

$$D = \varepsilon_r \varepsilon_0 E$$

线性介电材料，如聚丙烯、聚乙烯和云母，它们的介电常数较小，几乎不存在滞后现象，介电常数近似恒定值，充、放电时能量损耗少，性能稳定。储能密度 U_e 可以简化为：

$$U_e = \frac{1}{2}\varepsilon_0 \varepsilon_r E_b^2 \tag{13-2}$$

若想提升材料的储能密度，一方面要提高材料的最大能量密度，另一方面要减少充、放电时的能量损耗。理想的下一代介电材料应当兼具高介电常数、高击穿强度和低介电损耗。

三、实验步骤

1. 试样准备

① 材质。线性介电材料，如聚内烯等。

② 电极尺寸。根据样品尺寸选择上、下电极，对下电极的面积大小无要求，但上电极的直径小于或等于样品的直径。电极仅起连接作用。

③ 表面状态。固体试样的表面应尽可能平整光洁以保证和外电极紧密接触。也可在试样表面进行金属化处理，如喷金、粘贴铝箔或者刷导电漆等，降低样品和电极间的界面电阻。只有表面金属化的部分才会被导通和测试。因此，测试时样品的尺寸设置为样品表面金属化面积的尺寸（比如直径 10mm 的样品，金属化面积直径为 5mm，实测面积为直径 5mm 对应的区域）。

2. 参数设置要求

仪器厂家为德国 Novocontrol Technologies 仪器公司，型号为 CONCEPT 40。

① 样品安装。低频测量时，选择直径 10～40mm 的镀金外部电极。高频（1MHz 以上）测量时可选择直径 3～12mm 的镀金外部电极。电极间的距离由试样厚度或者液层高度决定。在电极中可以增加表面镀金的电极片以提高样品和电极间的导电性，提高测量精度。电极片在日常使用中会被磨损，需根据使用情况及时更换新的电极片。

② 温度。在－100～150℃内选择合适起始温度。

③ 频率。在 10×10^{-4}～10×10^{7} Hz 内选择合适的频率范围。

④ 时间。设定时间间隔，在选择“开始”后延迟一段时间，保证温度在起始点稳定后开始测量。

3. 测试步骤

校正参数后，将样品安装在样品架上，设定测试参数后即可开始测试。

4. 击穿电压测试

测量样品厚度，将样品放置在耐压测试仪电极间，采用直流电击穿模式，设置升压速率，开始实验并测试击穿电压值。

四、谱图分析和数据处理

由图 13-1 可知，聚丙烯的介电常数为 2.37，加入氮化硼纳米片或烷基化氮化硼纳米片后介电常数均增加，在填料含量为 5.5%（体积分数）时介电常数增加至 2.55 左右。而聚丙烯/烷基化氮化硼纳米片（PP/Alkyl-BNNS）和聚丙烯/氮化硼纳米片（PP/BNNS）复合材料的介电损耗角正切随频率的变化则明显不同，聚丙烯/烷基化氮化硼纳米片的介电损耗角正切比聚丙烯/氮化硼纳米片复合材料更低且随着频率变化十分稳定，而聚丙烯/氮化硼纳米片复合材料介电损耗角正切显著增加且在低频区域变化明显。作者认为，得益于烷基化氮化硼纳米片与聚丙烯拥有更好的界面，聚丙烯/烷基化氮化硼纳米片复合材料中的缺陷较少，空间电荷自由迁移的能力可能因此受限，使界面极化受限，由界面极化导致的介电损耗角正切降低。

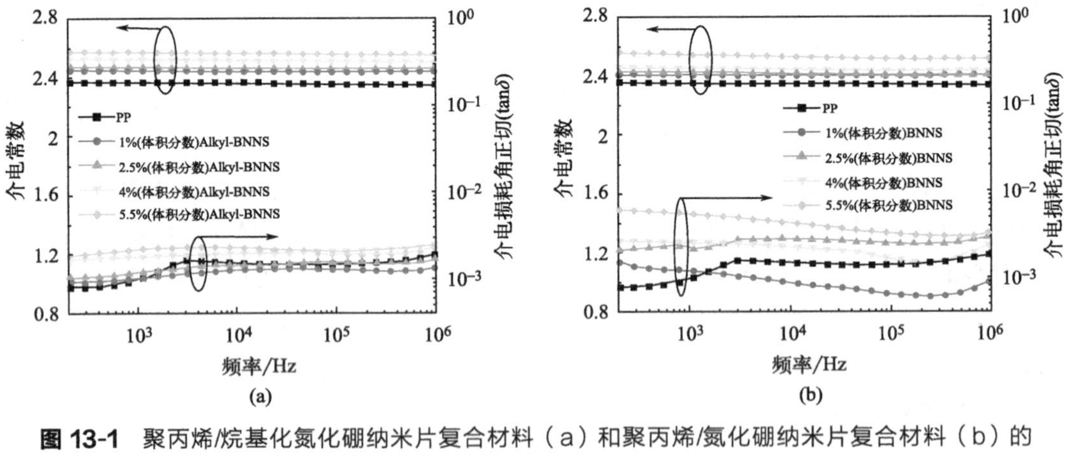

图 13-1　聚丙烯/烷基化氮化硼纳米片复合材料（a）和聚丙烯/氮化硼纳米片复合材料（b）的介电常数和介电损耗角正切随频率变化图

对聚丙烯/烷基化氮化硼纳米片和聚丙烯/氮化硼纳米片进行储能密度计算可知，前者的储能密度比后者提升明显（图 13-2），在最佳填料含量为 4%（体积分数）时，PP/Alkyl-BNNS 的储能密度提升至 1.87J/cm^3，是聚丙烯（1.24J/cm^3）的近 1.5 倍，是相同填料含量下聚丙烯/氮化硼纳米片（1.20 J/cm^3）的近 1.6 倍，这是由于聚丙烯/烷基化氮化硼纳米片与聚丙烯相比实现了介电常数和击穿强度的同时提高。

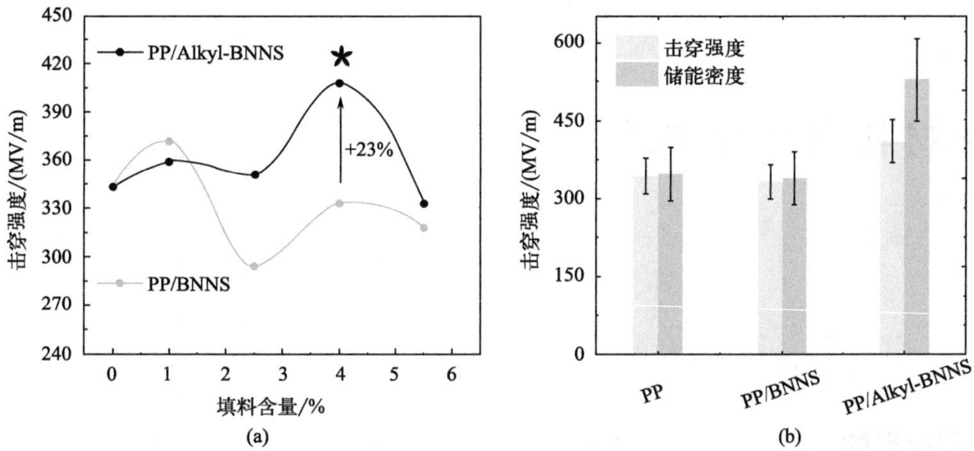

图 13-2　聚丙烯/氮化硼纳米片复合材料和聚丙烯/烷基化氮化硼纳米片复合材料的击穿强度（a）和储能密度（b）

五、实验报告撰写要求

1. 撰写实验目的、测试原理、实验仪器构造。
2. 撰写制样过程、仪器参数设置、基本操作步骤。
3. 回答思考题。

六、思考题

1. 请自行查阅文献并思考如何提高聚丙烯、聚乙烯类材料的介电性能。
2. 如何测量非线性介电材料的介电常数？
3. 分析实验数据并思考材料的储能密度与材料哪些结构、性能相关？
4. 介电性能数据反映出材料内部哪些结构信息？

七、参考文献

[1] 何曼君．高分子物理 [M]．上海：复旦大学出版社，2001.

[2] 谢紫龙．聚丙烯基介电复合材料的制备和性能研究 [D]．成都：四川大学，2021.

[3] 周天楠．聚合物材料结构表征与分析实验教程 [M]．成都：四川大学出版社，2016.

实验 14

高分子材料热老化实验

一、实验目的

1. 掌握高分子材料热老化实验测试方法和原理。
2. 掌握热老化实验结果分析方法。

二、高分子材料热老化实验测试原理

高分子材料，尤其是含有大量不饱和 C═C 双键的橡胶及橡胶制品，在贮存、加工或使用过程中，在热、光、氧、臭氧、机械力或重金属离子等环境因素的影响和作用下，引起分子链的降解或交联，材料不仅表面会出现斑点、失光变色、产生裂纹等，而且其性能会逐渐变差，变软发黏或变硬发脆，这种现象称为高分子材料的老化。

热老化测试是评定材料对高温适应性的简便的人工模拟实验方法，将材料放在高于相对使用温度的较高温度中，使其受热作用，通过测试暴露前后性能的变化以评定材料的耐热性能。常压热老化实验即塑料热空气老化实验，是指塑料在常压和规定温度下的热空气作用下，经过一定时间后测定其某一项或某几项性能指标，根据相同或不同温度条件下性能指标变化的情况，判断塑料的热稳定性，推算其存储期和使用寿命。

该测试采用 GB/T 7141—2008 标准进行，该标准对实验方法或试样并没有规定，但对塑料在不同温度的热空气中暴露较长时间时的暴露条件及热暴露的方法作了明确规定。

三、实验步骤

1. 试样准备

样品为力学性能测试标准样条，所需数量由样品检测项目和实验周期决定。每周期内每组试样一般不少于 5 个，实验周期数根据检测项目而定，一般不少于 5 个。

2. 调节实验箱

根据试样测试要求，调节实验箱参数。

3. 安装试样

将试样用包有惰性材料（如四氟乙烯）的金属夹或金属丝挂置于实验箱的网板或试样架上，试样间距不小于 10mm，试样与烘箱壁的距离也不小于 10mm。

4. 升温计时

实验箱逐渐升温至实验温度后开始计时。采用（50±10）次/h 的换气率，箱内保持均匀的实验温度。表 14-1 给出了在特定温度下某些材料的典型热老化周期表。实际上，在获得实验数据前，难以估计热老化的影响。因此，通常只需要在一个或两个温度下开始短期老化，将所获数据作为选择其余老化温度的基础。不同的聚合物材料或制品被氧化降解的温度不同，表 14-1 应仅用作初始的指导。为了获得更准确的数据，可以使用表 14-1 给出的暴露时间和暴露温度的中间值。

表 14-1 测定可氧化降解塑料热老化性能时推荐的暴露温度和暴露时间

推荐的暴露温度/℃	暴露温度的对数	90℃时估计的失效时间/h				
		1～10	11～24	25～48	49～96	97～192
30	1.477	A				
40	1.602	B	A			
50	1.699	C	B	A		
60	1.778	D	C	B	A	
70	1.845	E	D	C	B	A
80	1.903		E	D	C	B
90	1.954			E	D	C
100	2.000				E	D
110	2.041					E

注：1. 推荐的暴露周期 A——2，4，8，16，24，32 周；暴露周期 B——3，6，12，24，36，48 d；暴露周期 C——1，2，4，8，12，16d；暴露周期 D——8，16，32，64，96，128h；暴露周期 E——2，4，8，16，24，32h。
2. 某些材料在较高温度下的活化能可能与其在较低温度下的活化能不同，仅根据最高老化温度的数据来外推表 14-1 中的关系时应格外谨慎。

5. 周期取样

按规定或预定的实验周期逐次从实验箱中取样，直至实验结束。取样速度要快，尽可能减少烘箱内温度变化。

6. 性能测试

根据所选定的测试项目，按有关塑料性能实验方法，检测暴露前后试样性能的变化。

7. 结果分析

应选择对材料应用最适宜或反映老化变化较敏感的性能变化来评定其热老化性能，常选择的性能如下：

力学性能：拉伸性能、弯曲性能、冲击性能、拉伸冲击性能等（本实验选择的评定方法）。

电性能：电阻率、介电强度等。

燃烧性能中颜色和光学性能的变化：如黄变、褪色，透光率和光泽度的变化等。

表面变化：如龟裂、粉化、变形、气泡、斑点等。

实验结果应包括试样热老化前后各周期性能测定数据。

四、实验设备

热老化烘箱外观如图 14-1 所示，设备型号为巨孚 IAT-216。热老化烘箱的控制面板如图 14-2 所示。

图 14-1 热老化烘箱外观

1—设备控制面板；2—通风口调整旋钮

热老化烘箱换气量调整基本操作步骤：

① 关闭烘箱进风孔和排风孔（如果设备老旧，建议对烘箱换气系统的全部管路进行密封），隔绝烘箱与外界的空气交换。将设备温度调整到设定值，待温度达到设定温度后，再稳定 20min。

② 测量 30min 内的耗电量 Q_1，设备显示单位为 kW・h（可以通过设定功率表计时器实现定时）；该结果的 2 倍即为 1h 的耗电量，则 $P_1=2Q_1/1$（注意 P_1 的单位为 W，请依据获得的耗电量值及单位进行合理换算）。

③ 打开通风孔，待温度稳定后，再等待 20min，然后测量 30min 内的耗电量，进行与步骤②相同的换算，获得 P_2，并记录设备周围（与排风孔相隔 1～2m 的范围内）环境温度。

④ 代入公式计算换气量 $N=3.59\ (P_2-P_1)/V_\rho \Delta T$，使之符合标准要求换气量范围。式中，空气密度 ρ 可以通过查表获得；烘箱（巨孚 IAT-216）内体积 V 为 $60\text{cm}\times60\text{cm}\times60\text{cm}=2.16\times10^5\text{cm}^3=0.216\text{m}^3$；$P_1$、$P_2$ 为 1h 内的平均功率，应先将记录的耗电量乘以 2，然后除以时间（1h）得到。若获得结果不符合要求，则反复调整设备进气孔大小，直至符合烘箱通风速率的要求。

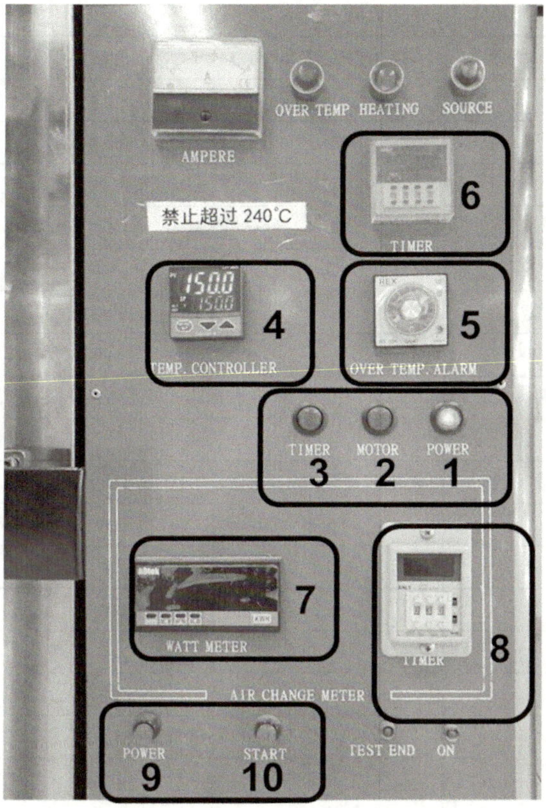

图 14-2　热老化烘箱的控制面板

1—电源开关；2—马达开关（旋转挂样装置）；3—计时器开关（计时器的电源）；4—温度控制器开关（主要进行温度的显示和调整）；5—过温保护装置；6—计时器（记录老化时间）；7—功率表（记录设备功率）；8—功率计时器（设定时间内的设备功率）；9—功率表电源；10—功率表计时器开关

五、数据分析

表 14-2 展示了实验温度下暴露时间与材料被测试性能的数据值，亦可以通过绘制函数曲线展示：横坐标为热老化时间对数，纵坐标为被测试性能值。根据相应测试标准判断老化实验结果。表 14-3 为实验过程中及测试后样品的照片。

表 14-2　热老化性能测试

测试条件	检测依据：GB/T 7141—2008
	换气频率：(150±50)次/h
	实验条件：150℃，1000h
	测试要求：老化完成后，将试样置于 GB/T 2918—2018 所规定的标准环境下至少 24h，然后在该标准环境下，按 GB/T 1040.1—2018 和 GB/T 1040.2—2022 的要求测试试样的拉伸强度并计算其保持率，按 GB/T 1843—2008 的要求测试材料的悬臂梁缺口冲击强度并计算其保持率 （性能保持率＝实验后的数据/实验前的数据）
	判定条件：性能保持率在 75%以上，且试样表面未出现粉化、开裂、起泡等不正常现象

续表

检测项目	老化前样品编号	老化前性能/MPa	老化后样品编号	老化后性能/MPa
耐热老化性（拉伸强度）	1#	91.8	1#	88.8
	2#	92.2	2#	90.3
	3#	92.8	3#	87.2
	4#	91.2	4#	90.1
	5#	91.9	5#	89.3
	平均值	92.0	平均值	89.1
	保持率	96.85%		
	外观	试样表面未出现粉化、开裂、起泡等不正常现象		
	结果判定	OK		
检测项目	老化前样品编号	老化前性能/(kJ/m^2)	老化后样品编号	老化后性能/(kJ/m^2)
耐热老化性（悬臂梁缺口冲击强度）	1#	10.2	1#	8.2
	2#	9.9	2#	9.1
	3#	9.2	3#	9.6
	4#	10.0	4#	9.3
	5#	10.5	5#	9.5
	6#	11.1	6#	8.3
	7#	10.2	7#	8.2
	8#	9.2	8#	9.3
	9#	11.2	9#	9.0
	10#	9.8	10#	8.0
	平均值	10.13	平均值	8.85
	保持率	87.36 %		
	外观	试样表面未出现粉化、开裂、起泡等不正常现象		
	结果判定	OK		

表 14-3 实验过程中及测试后样品的照片

老化前的样品		热老化烘箱中的样品（老化中）	
老化后的样品	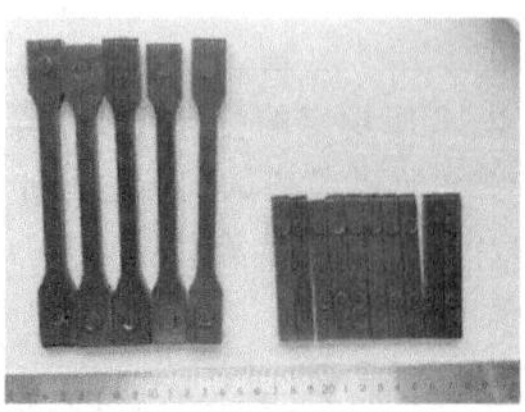	老化后经力学测试后的样品	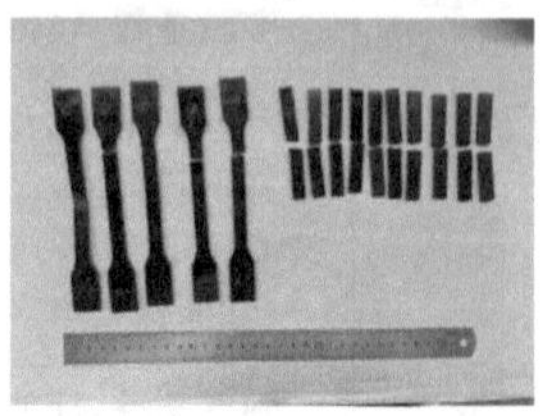

六、实验报告撰写要求

1. 撰写实验目的、测试原理、实验仪器构造。
2. 撰写制样过程、仪器参数设置、基本操作步骤。
3. 撰写热老化的实验测试方法和目的。
4. 分析实验结果并回答思考题。

七、思考题

1. 分析材料在进行热老化实验之前需要如何挑选试样？
2. 如何提高材料的热老化性能？

八、参考文献

[1] 中华人民共和国国家质量监督检验检疫总局，中国国家标准化管理委员．GB/T 7141—2008 塑料热老化试验方法［S］. 北京：中国标准出版社，2008.

[2] 钟世云，许乾慰，王公善．聚合物降解与稳定化［M］. 北京：化学工业出版社，2002.

实验 15

高分子材料表面亲水改性及亲疏水性能表征

一、实验目的

1. 掌握等离子体技术对高分子材料表面改性的原理及方法。
2. 掌握接触角、表面张力的测试方法和操作步骤。
3. 学会使用 OWRK 方法（ADVANCE 单滴定）进行表面能分析。

二、等离子体对高分子材料的表面改性技术

高分子材料科学顺应时代发展的要求，不断地向高性能化、高功能化、复合化、精细化和智能化方向发展。等离子体对高分子材料的表面改性技术，是一种在不改变材料本体性质的前提下对高分子材料表面进行改性的重要且相对实用的方法，可以有效扩大高分子材料在各方面中的应用范围。等离子体处理机如图 15-1 所示。

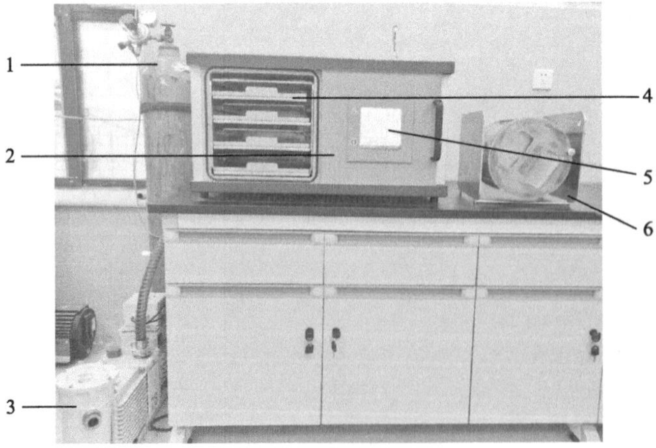

图 15-1 等离子体处理机

1—气源；2—等离子发生器；3—真空泵；4—平行样品架；5—操作界面；6—滚筒样品架

等离子体被称为物质存在的第四态，其实质是电离气体。与普通气体不同，它是由电子、原子、分子、自由基、光子等粒子组成的集合体，正负电荷数目相等，体系为电中性。

其显著特征是具有高温、高流动性和高导电性。通过电弧放电、辉光放电、激光、火焰或者冲击波等方法可使处于低气压状态下的气体转变成等离子体。

等离子体处理高分子材料表面是利用非聚合性气体（Ar、H_2、N_2、O_2 等）的等离子体进行表面反应，参与表面反应的有激发态分子、自由基和电子离子，也包括等离子体产生的紫外光的辐射作用。与其他表面改性方法相比，等离子体改性能较容易地在材料表面引入特定的官能团或其他高分子链，对任何形状的高分子材料都适用。由于等离子体中粒子的能量远低于高能放射性射线，所以该方法只对样品表面改性而不会影响基体性能。等离子体在对样品表面进行处理时，借助气体介质对基体表面进行处理，可以有效地避免因采用液体介质对基体改性带来的二次污染以及后处理等问题。根据预设条件的不同，等离子体表面处理技术还可以有效地控制表面性能改进的程度。

三、接触角测量仪表征高分子材料表面改性程度

接触角（contact angle）是指在固、液、气三相交界处，自固-液界面经过液体内部到气-液界面之间的夹角，即液滴在固体表面自然形成的半圆形态的外切线与固体平面之间的夹角，如图 15-2 所示。当液滴与固体平面接触时，液滴的最终形状取决于其内部的内聚力和其与固体间黏附力的相对大小。当液滴放置在固体表面时，液滴能自发地在固体表面铺展开，或以与固体表面成一定接触角的液滴状态存在。因此，通过接触角的测量可以获得材料表面固-液、固-气界面相互作用的信息。接触角测量技术不仅可用于表征常见材料的表面性能，而且在石油工业、浮选工业、医药材料、芯片产业、低表面能无毒防污材料、油墨生产等领域有着重要的应用。

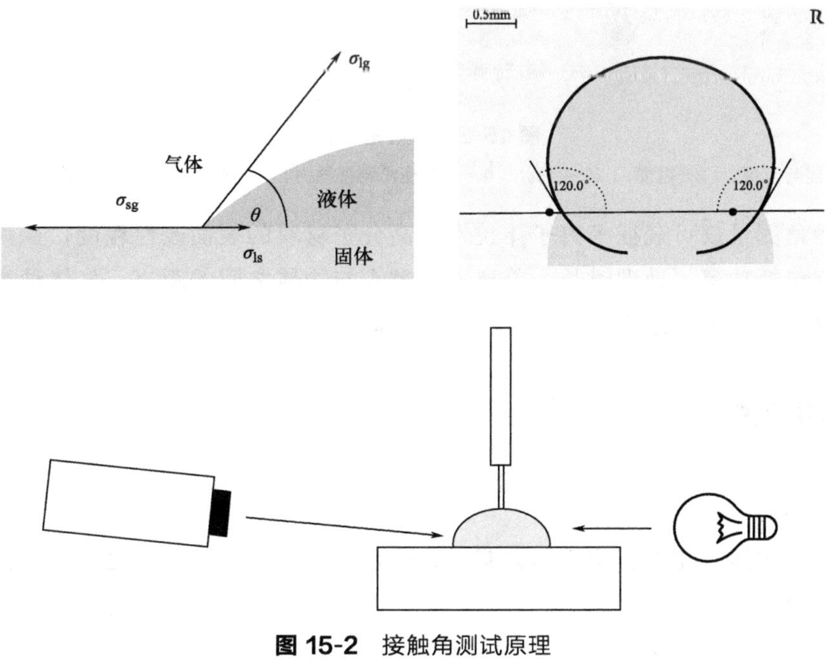

图 15-2　接触角测试原理

接触角（θ）的大小能够反映液体对固体表面的浸润性。以水作为液体测量固体表面性能时，若 $\theta<90°$，则固体表面是亲水性的，即液体较易润湿固体，其角度越小，表示润湿性越好；若 $\theta>90°$，则固体表面是疏水性的，即液体不容易润湿固体，容易在表面上移动。

在测量接触角的过程中，用接触角测量仪（图 15-3）附带的注射器针头将一滴待测液体滴在基质上，液滴会贴附在基质表面，通过对液滴与固体样品轮廓投影形状进行放大并记录，通过对液滴轮廓拟合的方法获得接触角和表面张力。作为光学方法，光学接触角测量仪的测量精度取决于图片质量和分析软件。在实际测试过程中，为了减小重力的影响，液滴体积不能太大。同时，高分辨率数码镜头、高质量的光学器件和液体拟合方法也确保了图片质量和测量准确度。

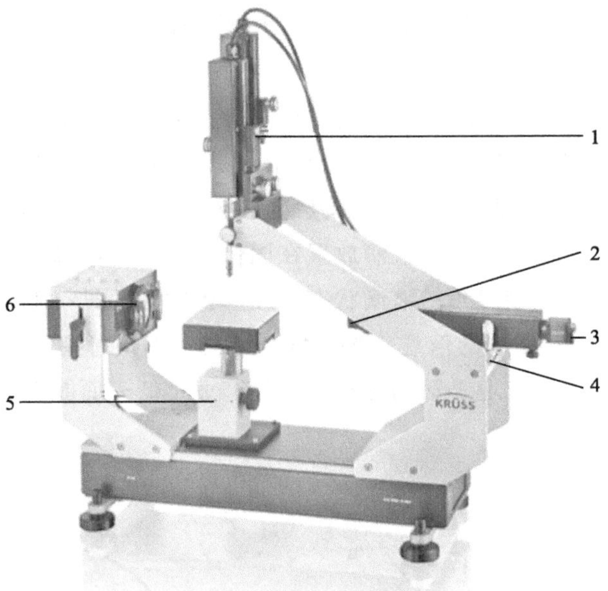

图 15-3　接触角测量仪

1—滴定器与支架；2—镜筒；3—相机；4—观察视角调整器件；5—样品台升降（Z 轴）；6—光源

通过接触角测量仪可表征等离子体技术对高分子材料的表面改性程度，探索等离子体处理工艺参数（包括功率、处理时长、等离子体喷头与物体之间的距离、气体种类以及气流速度等）对高分子材料表面亲水性、疏水性的影响规律。

四、实验步骤

1. 试样准备

① 材质。聚丙烯（PP）、聚四氟乙烯（PTFE）、聚对苯二甲酸乙二醇酯（PET）、聚酰亚胺（PI）薄膜。

② 形制。片状、纤维状或块状聚合物材料。

2. 设备参数设置

① 等离子体处理机：仪器品牌为德国 Plasmatechnology，仪器型号为 PlasmaFlecto 30；功率可调范围在 0～600W，频率为 40kHz。

② 接触角测量仪：仪器品牌为德国 KRUSS，型号为 DSA25；接触角测量范围在 0°～180°，分辨率为±0.01°。

光学系统：采用 470nm 单色高亮度 LED 光源，均匀化绝热处理，光源宽度及亮度可调。

软件控制光强调整和摄像速度，摄像速度不低于 1800 帧/s，且在满足分辨率 1200×1200 的像素条件下，采集速度不低于 140 帧/s；在分辨率 1200×350 像素条件下，采集速度不低于 470 帧/s。

光学系统：相机的光学镜头可连续放大 6.5 倍，数码放大 12 倍。

滴定系统：配备两套单液体自动滴定系统，常规针头式滴定，可更换液体，最高精度 0.01μL。

自动滚动角测量套装：配置整机倾斜测试样品系统，倾斜角度 0°～90°，分辨率±0.01°。

表面张力计算：基于 Young-Laplace 方程计算液体的表面张力。

3. 测试步骤

① 等离子体处理机。接通总电源，选择合适气源，接通快接；打开钢瓶气阀总开关，调节减压阀开关，确保压力保持在 0.1MPa；启动空压机，打开设备电源，开启显示屏；然后设置具体气氛压力、处理时间、功率值；放入样品，关闭仓门，开始实验。实验过程中观察气氛压力、功率等是否正常。实验结束后，真空自动解除，轻推仓门，取出样品。遵循“先开后关”的原则，依次关闭显示屏、设备、空压机电源。

② 接触角测量仪。打开 ADVANCE 软件，选择“Sessile Drop”座滴法，输入测试名称、温度及滴落相和环绕相信息；调节样品台高度，使基线（样品表面）处于合适位置；调节图像亮度及清晰度。

根据参考范围选择合适的拟合方法：

0°～20°：Circle 和 Height/Width 手册；

20°～180°：Young-Laplace；

10°～120°：Ellipse；

10°～180°：Tangent。

控制滴定系统，产生适当体积液滴（1～5μL），通过样品台升降，将液滴轻轻放置在样品表面；降低样品台使液体脱离针头。读取接触角测试结果。

③ 表面张力测试。打开 ADVANCE 软件，选择“Pendant Drop”悬滴法，输入测试名称、温度及滴落相（测试液体）和环绕相（空气）信息，调节针头高度，使针头底端处于合适位置；调节图像亮度，得到清晰图像。进入校准界面，在“Object Size”中输入针头外径数据（绿色不锈钢针头外径大约为 1.8mm，用螺旋测微器准确量取），移动水平线，让水平线穿过针头中央，将两条竖直线拖动到与针头边缘重合，完成校准。

控制滴定系统，产生适当体积的梨形液滴（液滴尽量大，到快滴落状态）。在图像中读取表面张力值 SFT。

④ 使用 OWRK 方法（ADVANCE 单滴定）进行表面能分析。打开 ADVANCE 软件，使用“Drop Shape”中的“Sessile Drop”新建一个测量程序。

测量水-待测固体的接触角：在试验信息中输入实验名称以及滴落相（水：water）和环绕相（空气：air）信息，同时仪器侧的注射器内装入纯水。重复进行纯水对固体样品表面的接触角实验。

测量二碘甲烷-待测固体的接触角：在试验信息中输入滴落相（二碘甲烷：diiodomethane）和环绕相（空气：air）信息，同时在仪器侧的注射器内装入二碘甲烷。重复进行二碘甲烷对固体样品接触角实验。

去掉实验结果中有疑问的数据，筛选出有效数据。将实验表格最后一行的平均结果代入 OWRK 公式进行表面能计算。

五、数据处理

实例 1。样品处理条件如下：处理功率为 600W，处理时间为 10min，气氛为氧气，压力为 20Pa；水接触角测 6 次，取平均值。由图 15-4 可知，通过表面处理后样品的接触角均变小，这说明样品表面对水的亲和力增加，或者水在样品表面的浸润性增加。

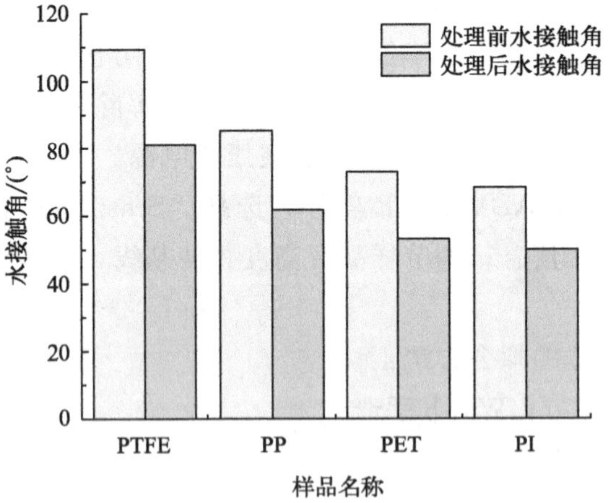

图 15-4 4 种样品经过表面处理后接触角的变化

实例 2。PET 样品，处理功率为变量，处理时间为 10min，气氛为氧气，压力为 20Pa；水接触角测 6 次，取平均值。测试结果如图 15-5 所示。

实例 3。PTFE 样品，处理时间为变量，处理功率为 600W，气氛为氧气，压力为 20Pa；水接触角测 6 次，取平均值。测试结果如图 15-6 所示。

实例 4。PTFE 样品，测试其水接触角和二碘甲烷接触角，然后代入 OWRK 公式进行表面能计算。PTFE 接触角测试结果如表 15-1 所示。

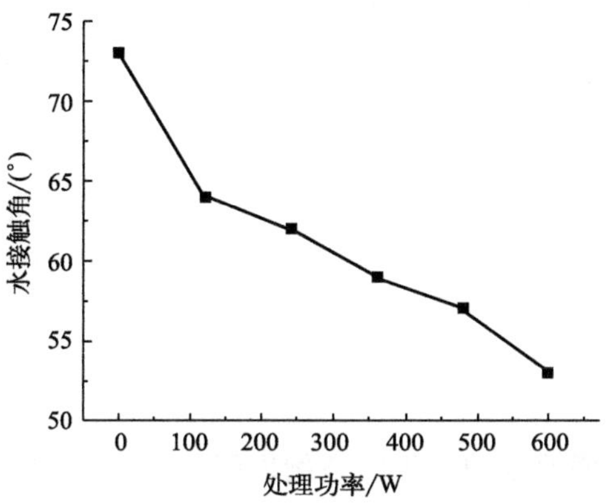

图 15-5　PET 样品表面经过不同功率等离子气体处理后接触角的变化

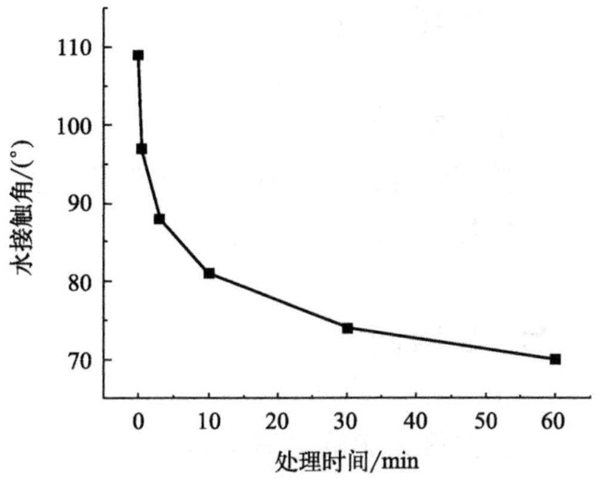

图 15-6　PTFE 样品表面经过不同时间等离子气体处理后接触角的变化

表 15-1　接触角测试结果

项目		接触角(平均值)/(°)	接触角(左)/(°)	接触角(右)/(°)	温度/℃	拟合方法	实验类型
滴落相	水	103.66	104.21	103.10	20.0	Ellipse (Tangent-1)	座滴法
固体/探针	PTFE	108.73	109.10	108.35	20.0	Ellipse (Tangent-1)	座滴法
环绕相	空气	105.56	105.14	105.97	20.0	Ellipse (Tangent-1)	座滴法
项目		接触角(平均值)/(°)	接触角(左)/(°)	接触角(右)/(°)	温度/℃	拟合方法	实验类型
滴落相	二碘甲烷	89.07	88.33	89.81	20.0	Ellipse (Tangent-1)	座滴法
固体/探针	PTFE	80.28	80.58	79.97	20.0	Ellipse (Tangent-1)	座滴法
环绕相	空气	93.69	93.73	93.65	20.0	Ellipse (Tangent-1)	座滴法

通过 OWRK 拟合方法，可直接从结果中读取表面自由能以及色散和极性分量。OWRK 拟合结果见表 15-2。

表 15-2　OWRK 拟合结果

OWRK 拟合结果	值/(mN/m)	标准差/(mN/m)
表面自由能	15.36	4.04
色散分量	13.75	3.14
极性分量	1.61	0.9

六、实验报告

1. 撰写实验目的、测试原理、实验仪器构造。
2. 撰写制样过程、仪器参数设置、基本操作步骤。
3. 回答思考题。

七、思考题

1. 哪些因素影响等离子体技术对高分子材料表面改性的效果？举例说明。
2. 影响接触角测试结果的因素有哪些？举例说明如何调控材料的亲水性能和疏水性能。
3. 测试数据反映出材料表面结构发生了什么样的变化？

实验16

干湿法激光粒度仪测定颗粒粒径及分布

一、实验目的

1. 掌握干湿法激光粒度仪测粒径的基本原理。

2. 掌握干湿法激光粒度仪的操作方法，包括样品准备、仪器设置、测试过程及结果分析等。

3. 掌握干法和湿法测试在颗粒粒度分析中的差异及适用场景。

二、激光散射原理

在现代材料科学、化工、制药、地质学等众多领域中，颗粒的粒度分析是一项至关重要的技术。粒度分布不仅影响产品的物理和化学性质，还直接关系到产品的质量和性能。因此，寻找一种高效、准确的粒度分析方法显得尤为重要。干湿法激光粒度仪[1]作为一种先进的粒度测试仪器，凭借其高精度、快速、多功能的特性，在颗粒粒度分析领域得到了广泛应用。

激光粒度仪根据颗粒能使激光产生散射这一物理现象测试粒度分布。由于激光具有很好的单色性和极强的方向性，所以一束平行的激光在没有阻碍的无限空间中将会照射到无限远的地方，并且在传播过程中很少有发散的现象。当光束遇到颗粒阻挡时，一部分光将发生散射现象。散射光的传播方向将与主光束的传播方向形成一个夹角 θ。散射理论和结果证明，散射角 θ 的大小与颗粒的大小有关：颗粒越大，散射光的 θ 角就越小；颗粒越小，散射光的 θ 角就越大。对颗粒群的衍射光谱进行测量分析即可得到材料的粒度分布。

各种固体颗粒、雾滴、气泡以及任何两相悬浮颗粒状物质的粒度分布、运动颗粒群的粒径分布均可使用激光粒度仪进行测试，且不受颗粒的物理和化学性质的限制。

三、干湿法测试原理

干法测试：样品以干粉形式直接放入样品槽中，以压缩空气或惰性气体作为分散介质，

[1] 该实验所涉及的激光粒度仪相关数据和资料由德国新帕泰克有限公司提供。

使颗粒在气流中分散并飞行，激光束照射到这些飞行的颗粒上，产生散射光；仪器通过捕捉和分析散射光信号，计算出颗粒的粒度分布。干法测试适用于不易与液体混合或不易团聚的样品。

湿法测试：样品被分散在适当的液体介质（如水、乙醇等）中，通过机械搅拌或超声处理形成稳定的悬浮液。激光束穿过悬浮液时，颗粒群会产生散射现象。仪器通过测量散射光的空间强度分布，结合 Mie 散射理论或 Fraunhofer 衍射模型，反演出颗粒的粒度分布。湿法测试能有效克服颗粒团聚问题，适用于可稳定分散在液体中（不溶解、不膨胀）、与分散介质无化学反应的纳米/微米颗粒。

四、实验步骤

1. 试样准备

根据实验要求选择合适的样品，并确保样品干燥、无杂质。

对于湿法测试，将样品分散在适当的液体介质（如水、乙醇等）中，使用超声波分散器（如需要）使样品充分分散。

此外，还需准备压缩空气源（干法测试用）、超声波分散器（湿法测试可选）、样品容器和清洗用具。

2. 仪器检查

检查激光粒度仪是否处于良好状态，各部件是否连接紧密。

检查压缩空气源（干法测试用）或分散介质（湿法测试用）是否充足。

预热仪器至稳定状态，通常需要预热约 1h。

3. 设备参数设置

激光粒度仪的生产厂家为德国新帕泰克有限公司，型号为 HELOS/KR。

① 干法测试设置。选择干法测试模式，设置分散压力、震动槽速率等参数。这些参数的设置应根据样品特性和实验要求进行调整。调整激光束的强度和方向，确保其能够准确照射样品槽中的颗粒。

② 湿法测试设置。选择湿法测试模式，设置泵速、超声时间（如使用超声波分散器）、搅拌速率等参数。这些参数的设置同样需要根据样品特性和实验要求进行调整。调整激光束的强度和方向，确保其能够穿透悬浮液并有效测量颗粒的散射光。

4. 测试步骤

① 干法测试操作。将准备好的样品加入样品槽中，控制遮光率在适当范围（如 7%～10%）内。遮光率过高或过低都会影响测试结果的准确性。启动仪器进行预测试，检查仪器运行是否正常，调整参数至最佳状态。正式进行测试，记录测试过程中的数据变化。测试完成后，清洗样品槽和仪器等相关部件，避免交叉污染。

② 湿法测试操作。将准备好的悬浮液倒入样品池中，确保悬浮液中的颗粒分布均匀。启动仪器进行预测试，检查仪器运行是否正常，调整参数至最佳状态。正式进行测试，记录

测试过程中的数据变化。注意观察悬浮液的稳定性和激光束的穿透情况。测试完成后，清洗样品池和仪器等相关部件，避免残留物对下次测试造成影响。

五、测试结果与数据分析

图 16-1 及表 16-1 为某样品的测试结果。

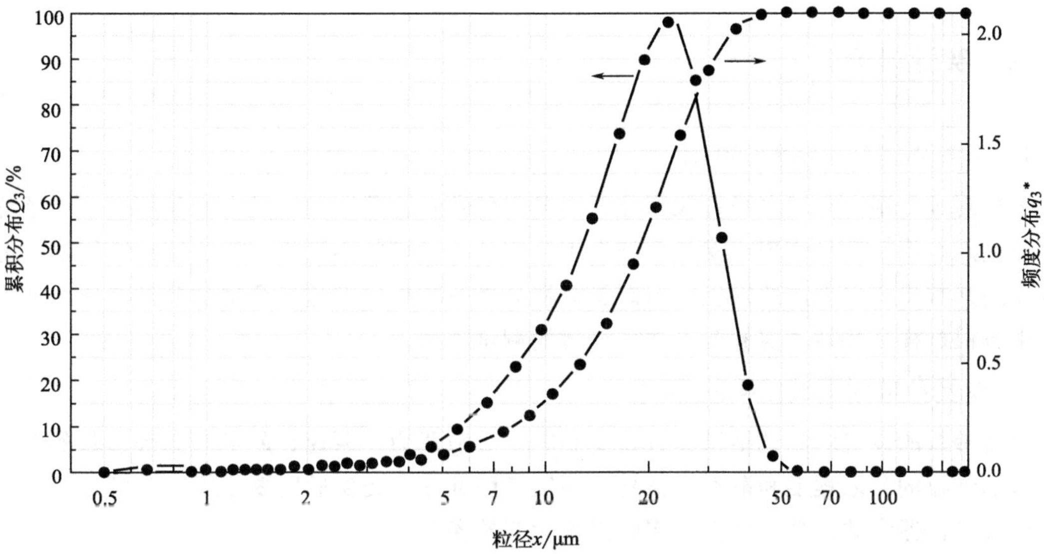

图 16-1　粒度分布曲线

表 16-1　根据粒度分布曲线所得数据结果

$x_{10,3}$=7.92μm	$x_{50,3}$=19.13μm	$x_{90,3}$=31.61μm	SMD=11.87μm	Copt=2.43%
$x_{16,3}$=10.10μm	$x_{84,3}$=28.69μm	$x_{99,3}$=42.15μm	VMD=19.52μm	$x_{100,3}$=61.00μm

注：① SMD：表面积平均粒径。

② VMD：体积平均粒径。

③ Copt：光学浓度。

对测试结果的具体分析如下：

① 粒度累积分布。SMD（表面积平均粒径）=11.87μm 反映了颗粒表面积加权的平均粒径，对于表面积敏感的应用（如吸附、催化等）尤为重要。VMD（体积平均粒径）=19.52μm 则反映了颗粒体积对平均粒径的贡献，对于体积效应显著的应用（如填充、流动性等）更为关键。$x_{99,3}$=42.15μm 和 $x_{100,3}$=61.00μm 分别表示 99%和 100%累积分布对应的最大粒径值，特别是 $x_{100,3}$ 给出了样品中最大颗粒的粒径值。

② 粒度分布均匀性。从粒径分布的跨度（从 7.92μm 到 61.00μm）来看，样品颗粒的粒径分布范围较广，但考虑到 $x_{90,3}$ 与 $x_{10,3}$ 之间的比值（约为 4），表明大部分颗粒的粒径集中在相对较窄的范围内，但仍有一定数量的极细和极粗颗粒存在。

③ 应用影响分析。对于需要精细粒径控制的应用（如药物制剂、纳米材料合成等），样

品的粒度分布特征需要进一步优化，以减少极细和极粗颗粒的比例。对于需要高比表面积的应用（如催化剂、吸附材料等），较低的 SMD 值（11.87μm）是一个有利因素。对于填充、流动性等体积效应主导的应用，VMD 值（19.52μm）提供了关于颗粒堆积和流动性的重要信息。

综上所述，本次粒度分布测试揭示了样品颗粒的详细粒度分布特征，为不同应用场景下的性能优化提供了基础数据支持。进一步的研究可以针对特定应用需求，通过调整制备工艺或后处理步骤来优化粒度分布。

六、实验讨论

1. 干法测试与湿法测试的比较

干法测试和湿法测试在颗粒粒度分析中各有优缺点。干法测试具有操作简便、无须样品处理等优点，但对于易团聚或易与空气发生反应的样品可能不适用。湿法测试则能够更好地分散样品并减少团聚现象的发生，但需要对样品进行预处理并选择合适的分散介质。在实际应用中应根据样品特性和实验要求选择合适的测试方法。

2. 仪器参数对测试结果的影响

仪器参数的设置对测试结果具有重要影响。分散压力、泵速、超声时间等参数的改变都可能影响颗粒的分散程度和散射光信号的强度。因此在进行实验时要根据样品特性和实验要求合理设置仪器参数，并进行多次实验以优化实验条件。

3. 误差来源与改进措施

在实验过程中可能会存在多种误差来源，如仪器精度限制、样品处理不当、操作失误等。为了减少误差、提高实验结果的准确性，可以采取以下改进措施：使用高精度仪器进行测试；加强样品处理过程的控制，确保样品充分分散且无杂质；提高操作人员的技术水平和实验技能；多次实验以验证结果的稳定性和可靠性。

七、实验注意事项

安全操作：在实验过程中要注意个人安全，避免激光直射眼睛和皮肤；使用压缩空气源时要注意压力控制，防止意外发生。

样品处理：确保样品干燥、无杂质且充分分散；对于湿法测试，要选择合适的分散介质和分散方法，以保证悬浮液的稳定性和颗粒的均匀分布。

仪器设置：根据样品特性和实验要求合理设置仪器参数，在调整参数时要注意观察仪器的运行状态和数据变化，及时调整以避免误操作。

数据处理：对收集到的数据进行认真整理和分析，确保数据的准确性和可靠性；在撰写实验报告时要清晰、准确地表达实验过程和结果。

仪器维护：实验结束后要及时清洗仪器和样品槽等部件，避免残留物对下次测试的影响；定期对仪器进行维护和保养以延长其使用寿命和保持其性能稳定。

八、实验报告撰写要求

1. 撰写实验目的和测试原理。

2. 撰写制样过程、仪器参数设置、基本操作步骤。

3. 回答思考题。

九、思考题

1. 在选择干法或湿法测量时，应考虑哪些因素？

2. 干湿法激光粒度仪的测量原理有何异同？

3. 请简述在干湿法激光粒度仪测量过程中，样品分散的重要性及其影响因素。

4. 在分析干湿法激光粒度仪生成的粒度分布图时，如何理解 $x_{10,3}$、$x_{50,3}$ 和 $x_{90,3}$ 这三个参数的含义，并说明它们在评估样品粒度特性时的作用。

5. 粒度分布曲线数据反映出样品的哪些信息？

十、参考文献

[1] 米凤文．激光散射粒度分析技术的研究［M］．杭州：浙江大学出版社，1996.

[2] 刘培炎．激光粒度仪干法和湿法测试在涂料粒径分析中的应用［J］．涂料工业，2016，46（12）：58-62.

实验 17

压电力显微镜（PFM）表征材料的压电性能

一、实验目的

1. 掌握压电力显微镜测试原理。
2. 掌握压电力显微镜操作方法。

二、压电力显微镜实验原理

压电力显微镜（piezoresponse force microscopy，PFM）[1] 是一种在接触模式下表征样品形变的测试技术。通常探测的是样品在面外方向对外加交流电的响应。这种方法可以用来表征锆钛酸铅等压电性材料、铌酸铅镁等电致伸缩性材料以及钡钛氧化物等铁电性材料。

原子力显微镜（AFM）的接触模式（contact mode）可以用来表征压电性材料在垂直和水平方向的电畴，这就是我们常说的压电力显微镜。这种测试技术基于压电效应和逆压电效应。

1. 压电效应

皮埃尔·居里（Pierre Curie）和雅克·居里（Jacques Curie）在 1880 年发现了压电效应。压电效应是材料在施加机械应力时产生电势的特性。最初，居里兄弟研究了罗息盐、石英、蔗糖和黄玉等天然物质，其中罗息盐和石英表现出的压电效应最为明显。压电效应最早应用于声呐的开发，声呐中的高频传感器就是由石英粘在钢板之间制成的。

2. 逆压电效应

加布里埃尔·李普曼（Gabriel Lippmann）在 1881 年从数学上推导出了基本热力学原理的逆压电效应。居里兄弟通过实验验证了逆压电效应的存在。在逆压电效应中，将电场施加到材料上以产生机械变形。压电效应和逆压电效应产生的示意图分别如图 17-1 和图 17-2 所示。

[1] 本实验中所涉及的压电力显微镜相关数据和资料由德国布鲁克公司提供。

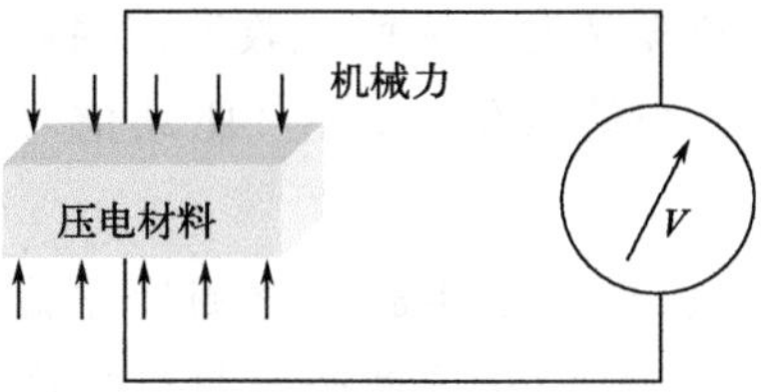

图 17-1　压电效应

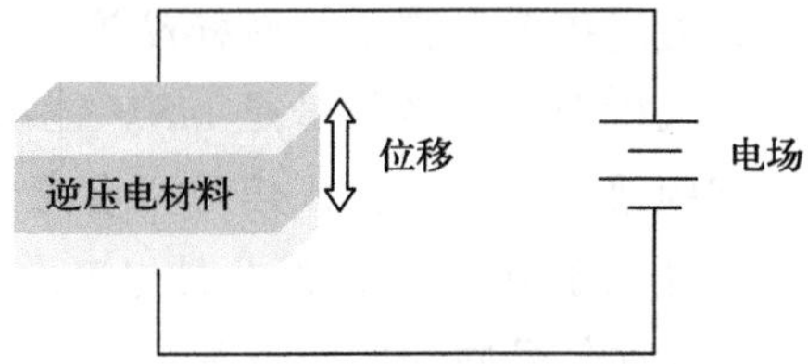

图 17-2　逆压电效应

3. PFM 的基本原理

在 PFM 测试中，在探针上施加一个交流电的驱动信号 AC，扫描时探针时刻与样品表面保持接触，在交流电的驱动下，样品会发生膨胀或收缩，从而带动探针产生相应的偏转。探针的偏转所对应的形变往往只有几皮米到几十皮米，这种小信号需要用锁相放大器来测量。四象限光电检测器检测到探针的偏转，并以此作为锁相放大器（lock-in amplifier）的输入信号。在锁相放大器中，参考信号（reference signal）就是 AC 交流电信号。通过将探针偏转信号与参考信号进行对比，可得到我们所需要的压电信息。

NanoScope V（NSV）控制器有 3 个内置的全数字锁相放大器。Lock-ins 1 和 Lock-ins 2 是高速锁相放大器，工作频率高达 5MHz。Lock-ins 3 是低速锁相放大器，工作频率可达 50kHz。图 17-3 为 PFM 测试原理示意图。

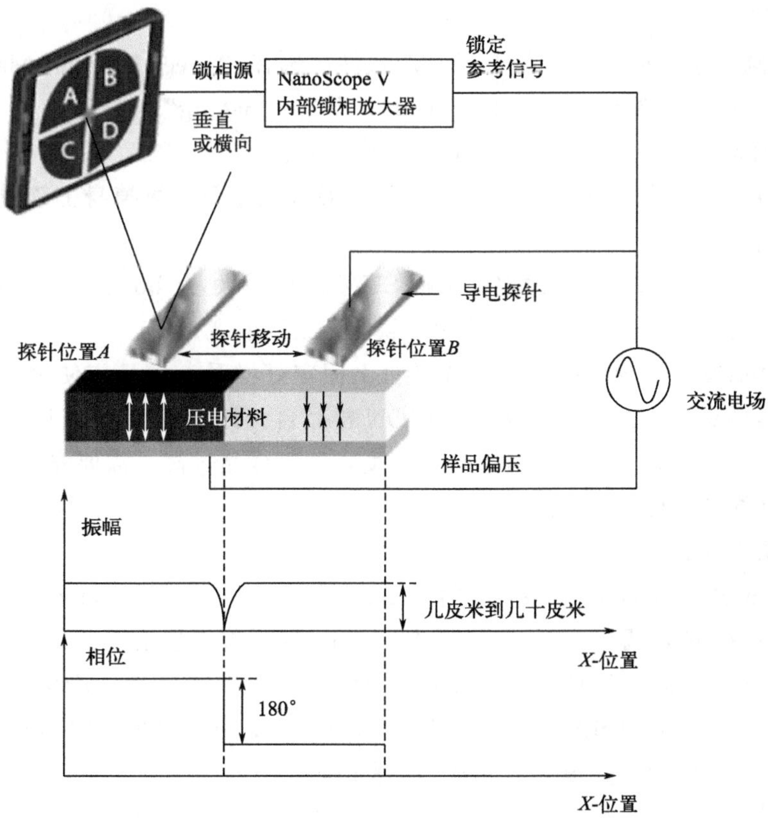

图 17-3　PFM 测试原理

探针通过接触式扫描，对样品施加交流电驱动信号，使样品发生膨胀或收缩。探针悬臂的垂直（或横向）偏转信号是 NSV 控制器内部锁放的第一个输入信号，AC 驱动信号是控制器内部锁放的第二个输入信号（参考信号）。

当探针位于 A 处，假设此处电畴与 AC 驱动信号同相振动。锁相放大器测量此偏转信号与 AC 驱动信号同相的分量和与 AC 驱动信号相差 90°的分量，从这两个分量信号中计算出垂直偏转信号的振幅和相位，通过软件显示出来。当探针移动到 B 处时，此处的电畴与 AC 驱动信号反向振动。锁相放大器通过同样的信号处理方式，得到此电畴的振幅和相位。理想情况下，畴壁处的振幅为零，并且畴壁两侧的电畴相位相差 180°。如果想要把振幅的单位由伏特（V）转换成皮米（pm），需要校准探针的光杠杆灵敏度（deflection sensitivity）。将锁相放大器输入信号设置为横向偏转信号，可以对面内电畴进行表征。

三、实验步骤

1. 试样准备

表面平整的压电材料。

2. 仪器设备

布鲁克原子力显微镜，型号为 Dimension ICON，压电力探针（MESP-RC）。

3. 测试步骤

① 打开电脑，打开控制器；打开 AFM 软件，选择“Electrical and Magnetic”模式，选择“Piezoresponse”，选择“optical vertical”，点击“loading”。

② 初始化样品台，检查气浮台是否能够正常减震。

③ 安装针尖（在取扫描头时，一定要先用手触摸气浮台，放掉身上静电，防止身上静电打坏扫描头）。

④ 进入“Setup”，选择针尖设定，调整 SUM 值至最大，“horizontal”调为 0，“vertical”调为－0.6 或－2.0（取决于针的软硬，软的话就取前者）。

⑤ 进入“Navigate”导航模式，在样品台上固定好样品，样品应使用导电胶固定在导电材料（如金属样品托）上，然后放置于 ICON 样品台。打开抽真空阀门，用鼠标或者轨迹球将样品移动到针尖下方。注意！观察样品高度，如果样品过高，需要先将扫描头上升到安全距离，再移动样品。样品移动到合适位置后降低扫描头，直到在显微镜中看到样品表面，立即停止扫描头下降。

⑥ 进入“check parameters”界面，将“feedback”中“deflection setpoint”调成 0V 即可。

⑦ 点击“engage”，调节“I gain”和“P gain”使形貌扫描正常。

⑧ 在“Piezo Response”中，“Ac Bias”交流信号加载选择“sample”，“Vertical 16* Gain”选择“Enabled”，“LS PR Lock-in BW”选择 0.3kHz，“LS PR Drive Amplitude”中输入 3000mV，“LS PR Drive Frequency”选择 15kHz。

⑨ 优化相位，点击“sweep”，“tip offset”设为 0，点击“OK”，在“channel 1”中选择“LS PR Inphase”，在“channel 2”中选择“LS PR Quadrature”，在“graph”中的

“sweep output”中选择“LS PR Drive phase”，点击“offset”将上面一个图移动到零点，点执行，然后点退出。

⑩ 选择文件夹保存图片。

⑪ 实验结束，提升扫描头，退出样品台，取下样品，取下针尖，关闭软件。

四、实验数据分析

通过实验结果，分析材料压电性能。图 17-4 显示了优化条件下的周期性极化铌酸锂（PPLN）的测试结果。它是使用低速锁放操作获得的，带宽为 0.3kHz，LS PR 驱动幅度为 10V，频率为 17kHz，LS PR 驱动相位为 84°。探针的线速度为 20μm/s。

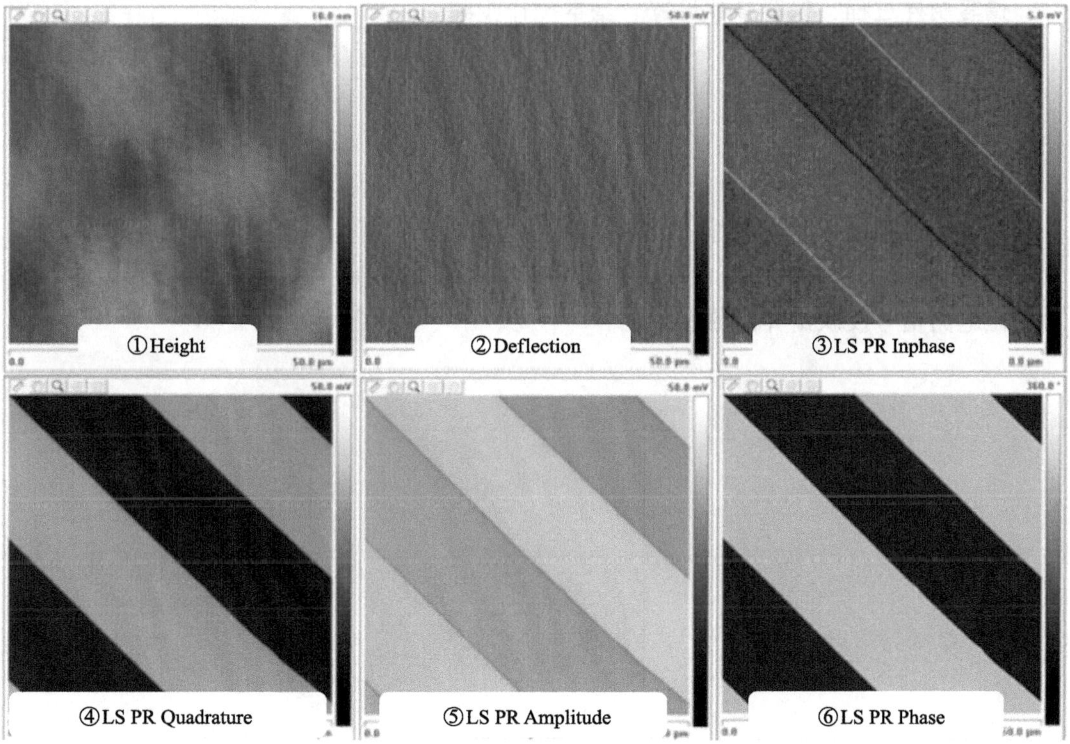

图 17-4　优化过后的 PPLN 数据

图 17-4 表示的内容可参考如下解释。

LS 表示低频，HS 表示高频。

① Height：样品形貌的高度图，深色和浅色代表材料表面的高低起伏。

② Deflection：通过优化 I gain（积分增益）和 P gain（比例增益）使得该参数值越小越好，从而能得到较好的高度图。

③ LS（or HS）PR Inphase：压电信号中与驱动信号同相的分量。在数学上，它是压电振幅乘以相位的余弦。大多数锁相放大器将“Inphase”作为主要输出信号。

④ LS（or HS）PR Quadrature：压电信号中与驱动信号相差 90°的分量。在数学上，

它是压电振幅乘以相位的正弦。“Quadrature”信号是锁相的第二个输出信号。

⑤ LS（or HS）PR Amplitude：样品膨胀（或收缩）振幅，单位是 mV。振幅由公式 Amplitude$=[(\text{Inphase})^2+(\text{Quadrature})^2]^{1/2}$ 计算而得。图中明亮的部分表示样品处于膨胀状态，暗的地方表示样品处于收缩状态。

⑥ LS（or HS）PR Phase：压电信号和驱动信号之间的相位差，由公式“Phase＝arctan（Quadrature/Inphase）”计算而得。在相位图上两点间画条直线，软件即可显示出两个相畴之间的相位差。

五、实验报告撰写要求

1. 撰写实验目的、测试原理。
2. 撰写制样过程、仪器参数设置、基本操作步骤。
3. 回答思考题。

六、思考题

1. 原子力显微镜探测到的原子力由哪两种主要成分组成？
2. PFM 测试中获得的信噪比取决于哪些因素？
3. 压电力信号反映出样品哪些信息？

实验 18

多孔材料的孔径测试

一、实验目的

1. 掌握吸附等温曲线的分类。
2. 理解 Langmuir 比表面积分析理论，掌握 BET 比表面积分析理论。
3. 掌握比表面积计算方法。

二、吸附等温曲线

多孔或者有孔隙的材料，材料内部和外部通孔的表面在低温下发生物理吸附。当吸附达到平衡时，吸附质气体的量不再发生变化，吸附质气体的压力也不再减小。实验表明，平衡时吸附剂固体吸附吸附质气体或蒸汽的量与吸附剂的质量成比例，平衡吸附量取决于吸附温度 T、气体或蒸汽的压力 p 以及吸附剂固体和吸附质气体的性质。当温度恒定且吸附温度低于气体的临界温度时，气体的吸附量与吸附质相对压力关系曲线称为吸附等温线，一般归纳为六种类型，如图 18-1 所示。

Ⅰ型吸附等温线仅限于单层或准单层气体吸附，大多数化学吸附等温线和完全的微孔物质（如活性炭）和分子筛的吸附等温线属于此类。因为在微孔物质中孔的大小只有几个分子大小，吸附剂孔壁形成重叠的强位能，在较低的相对压力下仍有较大的吸附量。在较高相对压力下，因孔已被吸附质分子充满，增加的吸附量很少，所以Ⅰ型吸附等温线是微孔吸附线。Ⅱ型吸附等温线是最常碰到的，吸附质分子在无孔粉末颗粒表面或在大孔中的吸附常常是这类等温线。吸附等温线拐点通常发生于单层吸附附近，相对压力增加，第 2 层、第 3 层吸附逐步完成，最后达饱和蒸汽压时，吸附层数变成无穷多。Ⅲ型吸附等温线的特征是吸附热小于吸附质液化热，吸附质分子间的相互作用大于吸附质分子与吸附剂表面的相互作用，随着吸附质气体压力增加，吸附得以促进。Ⅳ型和Ⅴ型吸附等温线是Ⅰ型和Ⅱ型吸附等温线的变种。在较高相对压力下，在某些孔中有毛细凝聚现象发生。

根据国际纯粹与应用化学联合会（IUPAC）标准定义的孔类型：微孔（micropore），孔径＜2nm；介孔（mesopore），孔径 2～50nm；大孔（macropore），孔径＞50nm。

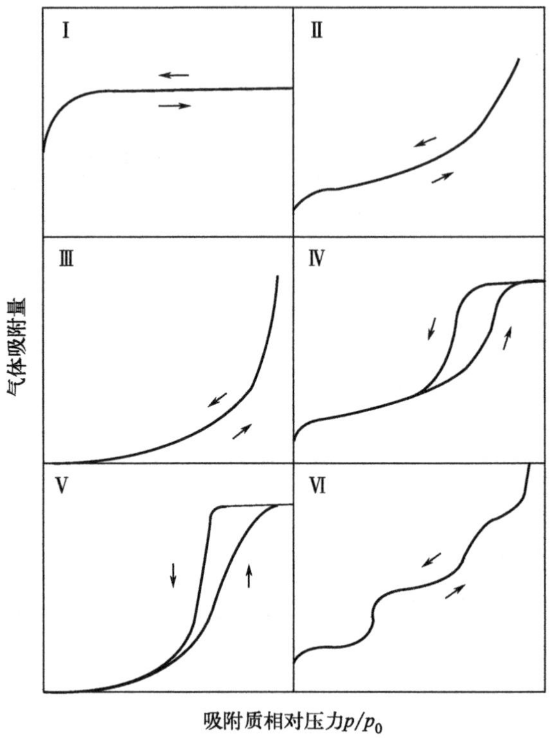

图 18-1　吸附等温线分类

三、 Langmuir 比表面积分析理论和 BET 比表面积分析理论

1918 年，Langmuir 提出了单分子层吸附理论。基于以下四条假设给出了单分子层吸附模型（图 18-2）：

① 吸附剂表面的吸附位点具有相同的吸附能。

② 一个吸附位点被一个吸附的分子占据。

③ 吸附分子之间不存在横向相互作用。

④ 当形成单分子层（单层）时，吸附是完全的。

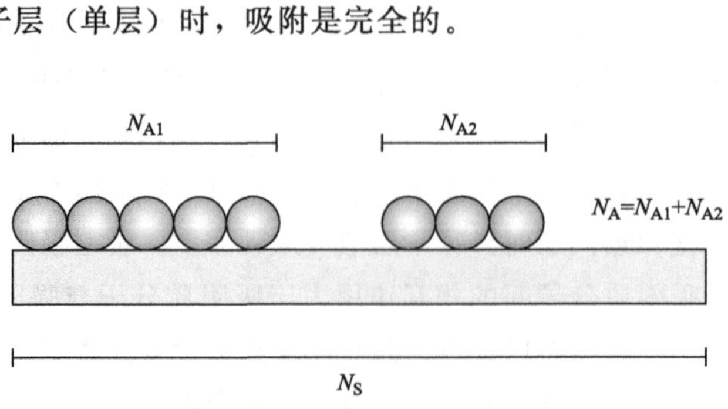

图 18-2　单分子层吸附模型

在模型中，吸附剂表面的全部吸附位点、吸附分子占据的吸附位点和未占据的吸附位点分别表示为 N_S、N_A 和（N_S-N_A），所占吸附位点的表面覆盖度定义如下。

$$\theta=\frac{N_A}{N_S}$$

吸附速率 v_α 与 p（吸附压力）和 $1-\theta$（裸露表面）成正比。

$$v_\alpha=k_\alpha p(1-\theta)$$

另一方面，解吸速率 v_d 与 θ（占据表面）成正比。

$$v_d=k_d\theta$$

式中，的 k_α 和 k_d 是比例常数。在吸附平衡条件下，吸附速率等于解吸速率。

$$k_\alpha p(1-\theta)=k_d\theta$$

$$\theta=\frac{Bp}{1+Bp}$$

式中，$B=k_\alpha/k_d$。用 V_m 表示单层体积，在任意压力下吸附气体的量表示如下。

$$V_\alpha=V_m\theta$$

$$V_\alpha=\frac{V_mBp}{1+Bp}$$

若满足 $Bp\ll1$（低压范围）条件，则上式转化为：

$$V=V_mBp$$

该式称为亨利方程，吸附气量与吸附压力成正比。

$$\frac{p}{V_\alpha}=\frac{1}{BV_m}+\frac{p}{V_m}$$

用上式对实验数据进行分析，如果吸附数据符合 Langmuir 模型，则 Langmuir 图 $\left(\frac{p}{V_\alpha}\sim p\right)$会得到一条斜率为$\frac{1}{V_m}$，截距为$\frac{1}{BV_m}$的直线，由此可以估算单分子层体积 V_m 和常数 B。

1938 年 Brunauer、Emmett 以及 Teller 报道了多分子层吸附理论（BET❶ 理论）（图 18-3）。他们将 Langmuir 单分子层理论扩展到多分子层吸附。将推导出的方程命名为 BET 方程。BET 方程已被用于确定吸附气体的单分子层体积，由此可以计算吸附剂的表面积。BET 方程是在以下假设的基础上推导出来的：

① 表面是能量均匀的，也就是说，在裸露的固体表面上所有的吸附位点具有相同的吸附能（E_1）。

② 吸附分子之间没有横向相互作用。

③ 第 2 层和所有更高层（E_2，E_3，…）的吸附能等于吸附的凝聚能（E_L）；$E_2=E_3=\cdots=E_i=E_1$。

BET 吸附模型如图 18-3 所示，其中 N_0，N_1，N_2，N_3，…，N_i，…代表被吸附分子 0，1，2，3，…，i，…层覆盖的吸附位点。在吸附平衡时，N_0，N_1，N_2，N_3，…，

---

❶ 该实验所涉及的 BET 资料由日本麦奇克拜尔公司提供。

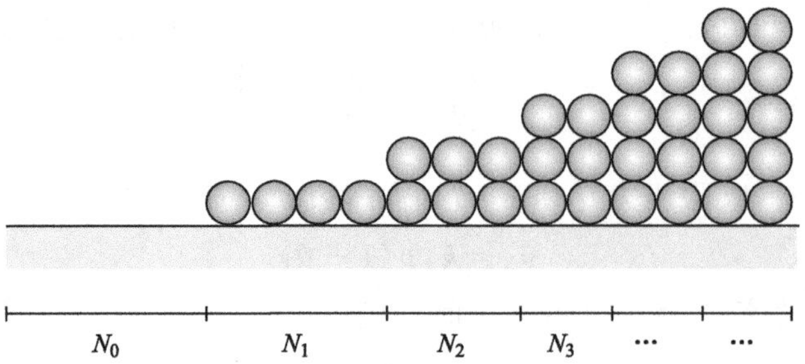

图 18-3 多分子层吸附模型

N_i，…必须保持不变。

④ 吸附量 v 在饱和压力下趋于无穷大。

得到 BET 方程或 BET 吸附等温线：

$$V=\frac{V_{\mathrm{m}}cp}{(p_0-p)}\Big/\left[1+(c-1)\left(\frac{p}{p_0}\right)\right] \tag{18-1}$$

图 18-4 中的曲线显示了不同常数 c 的 BET 吸附等温线。当 c 值较大，即大的吸附热时，吸附等温线为Ⅱ型；而当 c 值较小，即吸附热很小时，吸附等温线为Ⅲ型。

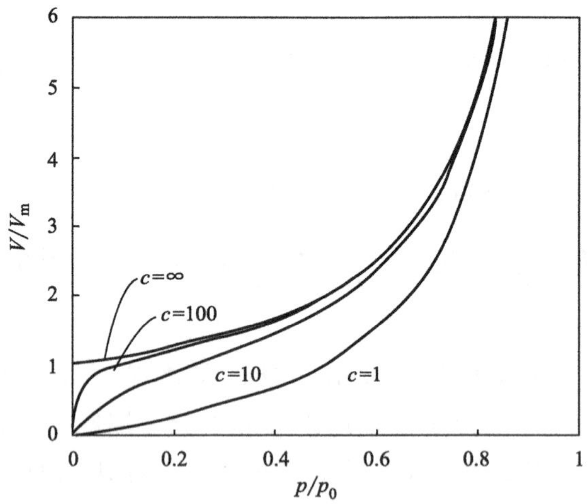

图 18-4 BET 曲线

对式(18-1) 进行整理得到式(18-2)。

$$\frac{p}{V(p_0-p)}=\frac{1}{V_{\mathrm{m}}c}+\frac{c-1}{V_{\mathrm{m}}c}\left(\frac{p}{p_0}\right) \tag{18-2}$$

从 BET 方程［式(18-2)］可以看出，以$\frac{p}{V(p_0-p)}$对$\frac{p}{p_0}$作图，应该得一条直线，直线的截距（i）和斜率（s）分别为$\frac{1}{V_{\mathrm{m}}c}$和$\frac{c-1}{V_{\mathrm{m}}c}$。BET 方程的两个常数 V_{m} 和 c 分别可由式(18-3) 和式(18-4) 计算得到：

$$V_m = \frac{1}{s+i} \tag{18-3}$$

$$c = \frac{s}{i} + 1 \tag{18-4}$$

式中，V 是在相对压力为 p/p_0 时的吸附气体量；V_m 是吸附质形成表面单层吸附量；BET 常数 c 是有关第 1 吸附层上的吸附能，因而 c 值表示吸附剂与吸附质之间相互作用的程度。

比表面积为：

$$A = a_m V_m N_A \tag{18-5}$$

式中，a_m 是吸附气体的横截面积；V_m 是吸附质形成表面单层吸附量；N_A 是阿伏伽德罗常数。

在 77K 温度下，氮气的分子横截面为 0.162nm^2，氩气的分子横截面是 0.166nm^2，氪气的分子横截面是 0.202nm^2。

IUPAC 在 2015 年的报告中给出用 BET 方程计算微孔材料比表面积的 3 条原则：

① c 值必须为正值。

② 取点范围必须在 $\frac{p}{V(p_0-p)}$ 随着 p/p_0 增人的范围内。

③ 单层吸附达到饱和吸附量对应的压力点要计入选点范围。

在中等相对压力范围（0.05～0.30）内，BET 方程与非多孔材料的实际等温线吻合较好。但在低相对压力和高相对压力范围内，它与实际等温线不同。因为：a. 在低压区，表面物化性质不均匀，存在一些活性吸附位；b. 即便在饱和压力下，吸附分子的层数也是有限的。

因此 BET 分析比表面积时只适合大多数介孔样品，而不适合含有微孔的样品。在分析 BET 结果的同时要判断取点范围和常数 c 是否合理。判断方法如下：

① 不要使用太低的压力点数据，过低的压力点数据还不足以形成单分子层，所以不能用于计算比表面积。

② 不要使用太高的相对压力点，不正确的取点会导致线性回归的相关系数差和常数 c 为负值。BET 取点上限可以很容易地通过单点 BET 最大值计算得到，但不是所有样品都符合这种情况。

③ 某些样品单点 BET 计算找不到最大点，而是随压力上升而增大，这意味着 p/p_0 在 0.15 以下不会出现短的线性区域。这类样品不适用于 BET 方程。

④ 根据前人实践经验，在比表面积测定时，可参考如下范围取值计算：

介孔材料：常规比表面 p/p_0 在 0.05～0.3 之间取 5 个点计算。

微孔材料：比表面 p/p_0 在 0.005～0.05 之间取 8 个点计算。

微孔和介孔材料：比表面 p/p_0 在 0.01～0.2 之间取 8 个点计算。

⑤ 样品的比表面积不是测出来的，而是通过 BET 方程分析出来的，分析出的比表面积不等于材料的几何表面积。

四、NLDFT 孔径分布分析理论

非定域密度泛函理论（non localized density functional theory，NLDFT）和巨正则蒙特卡罗（grand canonical Monte Carlo，GCMC）法已经发展成为多孔材料孔隙分布评价的新方法。该理论可以解释吸附质在许多材料中的吸附现象，可应用于微孔和介孔的孔隙分布分析。理论假设吸附等温线是由无数个别的“单孔”吸附等温线乘以它们的覆盖孔径范围的相对分布得到的。只要给定吸附质/吸附剂的体系，就能通过 NLDFT 或 GCMC 模拟得到一组等温线（也叫 kernel，即核心文件或影响函数），通过快速非负数最小二乘法解方程就能推导出孔径分布曲线。

NLDFT 和 GCMC 法可以比较实验等温线和计算等温线。对等温线的拟合非常好，则表明反映孔径状态准确。用于碳、二氧化硅、沸石等不同材料类型的不同孔模型已经被开发出来并得到广泛应用。例如，狭缝孔、筒形孔和球形孔以及复合孔形等。

五、实验步骤

1. 试样准备

多孔样品。

吸附气体（如氮气、氢气等），其纯度不小于 99.99%，其温度在测量过程中要保持稳定。

2. 仪器准备

全自动比表面和孔隙分析仪（BELSORP-max）。

3. 测试步骤

① 脱气。测量之前，必须对样品进行脱气处理，特别是纳米级固体样品。脱气的原因是除去试样表面物理吸附的物质，如水或者油脂，让测试表面充分暴露出来，保证测试结果的准确性。脱气程度的好坏直接决定了测试结果的准确性。脱气时通常采用带分子泵的真空脱气站进行脱气处理。

选择脱气温度的首要原则是不破坏样品结构。一般来说，氧化铝、二氧化硅这一类氧化物的安全脱气温度可达 350℃；大部分碳材料和碳酸钙的安全脱气温度在 300℃左右；而水合物则需要低得多的脱气温度。对于有机化合物，也可以通过脱气站进行预处理，但是大部分有机化合物的软化温度和玻璃化转变温度较低，脱气前需确认合适的脱气温度。

如果脱气温度设置过高，会导致样品结构的不可逆变化，例如烧结会降低样品的比表面积，分解会提高样品的比表面积。但是脱气温度设置过低，就可能使样品表面处理不完全，分析结果偏小。因此在不确定脱气温度的情况下，建议使用化学手册，如 *Handbook of Chemistry and Physics*（CRC，Boca Raton，Florida），以及将各标准组织（如 ASTM）发布的标准方法作为相关参考。脱气温度的选择不能高于固体的熔点或玻璃的相变点，建议不要超过熔点温度的一半。如果条件许可，使用热分析仪能够最精确地得到适合的脱气温度。

一般而言，脱气温度应当是样品的热重曲线上开始分解前的平台温度。

脱气时间越长，样品预处理效果越好。脱气时间的选择与样品孔道的复杂程度有关。一般来说，孔道越复杂，微孔含量越高，脱气时间越长；选择的脱气温度越低，样品所需要的脱气时间也越长。可以通过在相同脱气温度下，分析样品的 BET 结果变化来确定脱气时间。如果在不同的脱气时间（2h、4h 和 6h）得到的 BET 结果相同，肯定选择脱气时间最短的；如果变化不大，则需要选择折中的方案；如果 BET 结果随脱气时间延长而不断变大，说明孔道复杂，深层次有因氢键结合的吸附水分子，暴露了被堵塞的孔道及面积。对于一般样品，IUPAC 推荐脱气时间不少于 6h，而那些需要低温脱气的样品则需要长得多的脱气时间。对于一些微孔样品，脱气时间甚至需要在 12h 以上。

② 打开气路，开机，打开软件，点击“span adjustment”。

③ 调整 V5、V6 针阀。

④ 称量空管质量及加样品，设定预处理温度并开始加热。将装有样品的样品管连接到预处理 1 号～3 号站上，按下“VAC”开关；10min 后将样品管移至加热炉，按下“heat”按钮；待加热时间到达后，把样品管移至冷却站；当样品管温度降至室温时，按下“purge”按钮回填气体；待回填至大气压时，“purge”灯熄灭，取下预处理好的样品。

⑤ 设定测试参数。选择“High accuracy mode”模式，设定吸附温度 77K，吸附气体 N_2，分子直径 0.364nm，样品管内径 7mm，填充棒外径 6mm，饱和蒸气压选择实测值。

⑥ 进气设置选择相对压力和详细模式，第一点进气量输入 0.1，测量相对压力范围输入 4。

⑦ 设置相对压力测试范围、过量计量和限定值。根据设备给的参考相对压力点，设定相对压力值。

⑧ 杜瓦瓶中加满液氮，样品管上套好海绵套及过滤塞，选择“OK”，系统开始自动测量至结束。

六、影响 BET 比表面积分析结果的因素

① 孔结构的复杂程度。孔形越简单，结果越容易重现。

② 静态容量法测得的结果比动态色谱法测得的结果更加准确，前者测得的是吸附数据，后者测得的是脱附数据。若样品中存在不规则的孔，氮气分子进入孔道后，脱附时，由于出口孔径很小，就有可能因气穴效应或孔道阻塞不能蒸发出来，造成脱附的数据失真。

③ 吸附气体种类。不同气体分子大小不同，在孔道中扩散速率不同，气体分子的极性与孔壁作用的程度不同，最终分析结果也不同。

④ 脱气时间。处理时间不够，脱气不完全，测试结果偏差大。

⑤ 脱气真空度。真空度越大，脱气越干净，时间越短。

⑥ 脱气温度。脱气温度低容易造成测试结果偏小，且 BET 测试曲线线性很差。以氧化铝为例，它的处理温度一般是 300℃，若降低处理温度，其测试结果偏小。

⑦ 称样量。样品量的多少和它自身的比表面积的大小有关，一般比表面积越大，称样量越少，反之越多。选择合适的称样量是很有必要的，其中既要考虑减少称样量误差，还要

考虑称样量和脱气时间的关系。

⑧ BET 比表面积分析结果与在吸附曲线上的取点范围有关。

七、数据分析

COF 样品（多孔材料）的 BET 测试数据如图 18-5 所示。图 18-6 为 COF 样品的孔径分布。

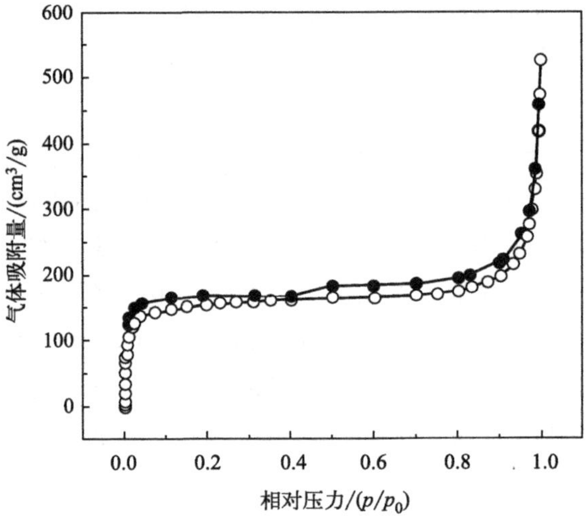

图 18-5 COF 样品的 BET 测试数据

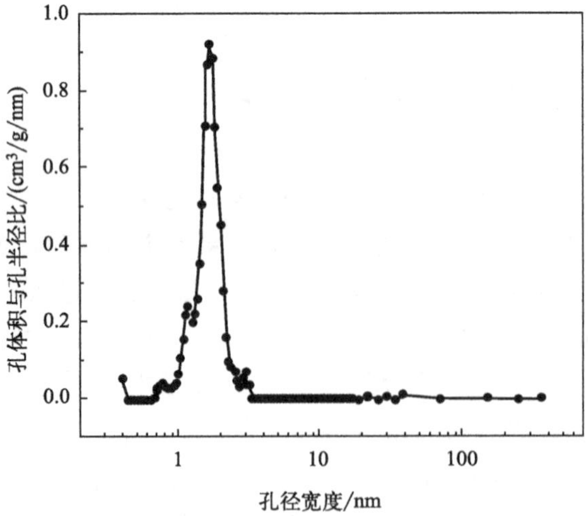

图 18-6 COF 样品的孔径分布

COF 样品用 BET 方程的拟合分析如图 18-7，分析结果如表 18-1。经过软件数据拟合，该样品的 BET 比表面积为 587.05m^2/g，平均孔径为 3.3804nm。

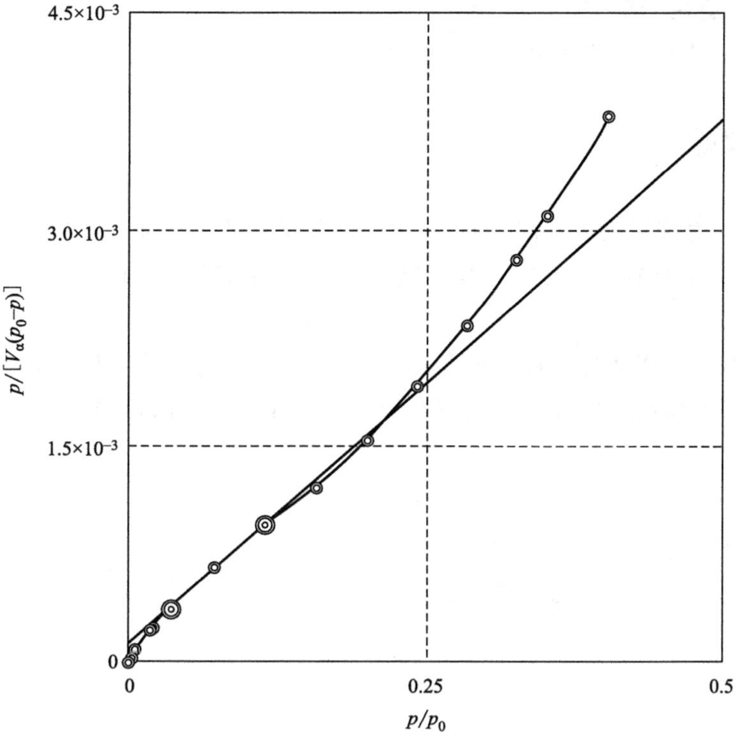

图 18-7　COF 样品用 BET 方程的拟合分析

表 18-1　COF 样品的 BET 方程拟合分析结果

项目	参数	项目	参数
吸附质	氮气	吸附温度/K	77
单层吸附体积(标准温度 0℃和标准压力 101.325kPa)/(cm^3/g)	134.88	BET 比表面积/(m^2/g)	587.05
平均孔径/nm	3.3804	总孔容(p/p_0=0.990)/(cm^3/g)	0.4961

八、实验报告撰写要求

1. 撰写实验目的，测试原理。
2. 撰写制样过程，仪器参数设置，基本操作步骤。
3. 回答思考题。

九、思考题

1. 为什么 BET 面积不是几何面积？
2. BET 测试过程中选择数据点应该遵循什么规则？

3. 脱气不充分对实验结果会有什么影响?

4. BET 方法适用于哪类孔的孔径分析，为什么?

5. 计算得到的 BET 数据反映了样品哪些信息?

十、参考文献

[1] 杨正红．物理吸附 100 问 [M]. 北京：化学工业出版社，2017.

[2] 陈诵英，孙予罕，丁云杰，等．吸附与催化 [M]. 浙江：河南科学技术出版社，2001.

[3] 中华人民共和国质量监督检验检疫总局，中国国家标准化管理委员会．GB/T 19587—2017 气体吸附 BET 法测定固体物质比表面积 [S]. 北京：中国标准出版社，2017.